日本农山渔村文化协会宝典系列

无花果栽培

管理手册

[日]真野隆司　编著

赵长民　译

（山东省昌乐县农业农村局）

U0280663

机械工业出版社

CHINA MACHINE PRESS

本书以培育优质无花果为出发点，详细介绍了日本无花果不同生长发育阶段的栽培管理技术，并对改善其作业栽培的十大要点进行了说明，还就病虫害、鸟兽害、生理障碍的防治方法等进行了阐述。另外，对于经过试验探讨的新树形、新栽培技术也进行了整理，希望能成为推动无花果栽培更进一步发展的契机。本书介绍的日本无花果栽培技术，内容系统、翔实，图文配合，通俗易懂，对于我国广大无花果种植专业户、基层农业技术推广人员都有非常好的参考价值，也可供农林院校师生阅读参考。

ICHIJIKU NO SAGYOU BENRICHO by MANO TAKASHI
Copyright © 2015 MANO TAKASHI
Simplified Chinese translation copyright ©2024 by China Machine Press
All rights reserved
Original Japanese language edition published by NOSAN GYOSON BUNKA KYOKAI (Rural Culture Association Japan)
Simplified Chinese translation rights arranged with NOSAN GYOSON BUNKA KYOKAI (Rural Culture Association Japan) through Shanghai To-Asia Culture Co., Ltd.

北京市版权局著作权合同登记　图字：01-2022-3120 号。

图书在版编目（CIP）数据

无花果栽培管理手册 /（日）真野隆司编著；赵长民译. --北京：机械工业出版社，2025.1
（日本农山渔村文化协会宝典系列）
ISBN 978-7-111-75308-7

Ⅰ.①无⋯　Ⅱ.①真⋯ ②赵⋯　Ⅲ.①无花果–果树园艺–手册　Ⅳ.①S663.3-62

中国国家版本馆CIP数据核字（2024）第052581号

机械工业出版社（北京市百万庄大街22号　邮政编码100037）
策划编辑：高　伟　周晓伟　　　责任编辑：高　伟　周晓伟　刘　源
责任校对：肖　琳　丁梦卓　闫焱　　责任印制：单爱军
保定市中画美凯印刷有限公司印刷
2025年3月第1版第1次印刷
169mm×230mm・10.5印张・202千字
标准书号：ISBN 978-7-111-75308-7
定价：59.80元

电话服务　　　　　　　　　　　网络服务
客服电话：010-88361066　　　机　工　官　网：www.cmpbook.com
　　　　　010-88379833　　　机　工　官　博：weibo.com/cmp1952
　　　　　010-68326294　　　金　书　网：www.golden-book.com
封底无防伪标均为盗版　　　　机工教育服务网：www.cmpedu.com

序

果蔬业属于劳动密集型产业，在我国是仅次于粮食产业的第二大农业支柱产业，已形成了很多具有地方特色的果蔬优势产区。果蔬业的发展对实现农民增收、农业增效，促进农村经济与社会的可持续发展裨益良多，呈现出产业化经营水平日趋提高的态势。随着国民生活水平的不断提高，对果蔬产品的需求量日益增长，对其质量和安全性的要求也越来越高，这对果蔬的生产、加工及管理也提出了更高的要求。

我国农业发展处于转型时期，面临着产业结构调整与升级、农民增收、生态环境治理，以及产品质量、安全性和市场竞争力亟须提高的严峻挑战，要实现果蔬生产的绿色、优质、高效，减少农药、化肥用量，保障产品食用安全和生产环境的健康，离不开科技的支撑。日本从 20 世纪 60 年代开始逐步推进果蔬产品的标准化生产，其设施园艺和地膜覆盖栽培技术、工厂化育苗和机器人嫁接技术、机械化生产等都一度处于世界先进或者领先水平，注重研究开发各种先进实用的技术和设备，力求使果蔬生产过程精准化、省工省力、易操作。这些丰富的经验，都值得我们学习和借鉴。

日本农业书籍出版协会中最大的出版社——农山渔村文化协会（简称农文协）自1940 年建社开始，其出版活动一直是以农业为中心，以围绕农民的生产、生活、文化和教育活动为出版宗旨，以服务农民的农业生产活动和经营活动为目标，向农民提供技术信息。经过 80 多年的发展，农文协已出版 4000 多种图书，其中的果蔬栽培手册（原名：作业便利帐）系列自出版就深受农民的喜爱，并随产业的发展和农民的需求进行不断修订。

根据目前我国果蔬产业的生产现状和种植结构需求，机械工业出版社与农文协展开合作，组织多家农业科研院所中理论和实践经验丰富，并且精通日语的教师及科研人员，翻译了本套"日本农山渔村文化协会宝典系列"，包含葡萄、猕猴桃、苹果、梨、西瓜、草莓、番茄等品种，以优质、高效种植为基本点，介绍了果蔬栽培管理技术、果树繁育及整形修剪技术等，内容全面，实用性、可操作性、指导性强，以供广大果蔬生产者和基层农技推广人员参考。

需要注意的是，我国与日本在自然环境和社会经济发展方面存在的差异，造就了园艺作物生产条件及市场条件的不同，不可盲目跟风，应因地制宜进行学习参考及应用。

希望本套丛书能为提高果蔬的整体质量和效益，增强果蔬产品的竞争力，促进农村经济繁荣发展和农民收入持续增加提供新助力，同时也恳请读者对书中的不当和错误之处提出宝贵意见，以便修正。

赵亚夫

前　言

近年来，果实类的水果消费量发展迟缓，在各个树种生产量减少之际，无花果虽然不是主要的果树，但是生产量有增加的趋势，价格也一直向好。我想，这里有以下几个方面的原因：生产成本不高；从水田转栽无花果树后，年龄大的人或家庭妇女也能容易地进行栽培；无花果作为健康的水果，对于消费者来说其知名度越来越高等。

虽然说无花果栽培容易，但是由于它本身的果实、树体等的特性，在栽培上还有较多的问题，导致生产总是不能顺利地开展。例如，由于果实品质不好而得到的市场评价低，天气稍微不好就立即从市场上传来抱怨；明明细致地进行了害虫防治却还有蓟马发生等一系列情况。明明认真细致地去管理了，还会出现如此不理想的结果，怎么做才好呢？本书就是针对上述出现的无花果栽培的实际情况，为了使每个栽培者进一步提高栽培水平而编著的。我负责提供全书整体框架，请日本各府县研究无花果的技术人员分别执笔完成本书。

通过整理汇总，才发现对无花果的研究还不多、不深、不透，也有通过推测而得出的部分。另外，也有想进一步在实际生产中再进行充分证实和探讨的技术。还有干脆把当时的情况记录下来，但还需要在场圃中继续进行研究的技术。本书对这些新的技术也进行了整理、记录。当然，这本书算不上是最好的无花果栽培指南，不足的部分还有待于今后继续进行研究。希望各位技术推广人员和进行实际栽培的农户可以提出好的建议，也希望本书能成为推动无花果栽培更进一步发展、推动无花果新技术开发的契机。

最后，对在图片等资料收集方面给予大力协助的各地农业技术中心及相关人员，对耐心地等待原稿并进行编辑、校正的农文协编辑部表示衷心的感谢。

真野隆司

目 录

第 **3** 章

休眠期、萌芽期、新梢伸长期的管理

第 **4** 章

成熟期的管理

第 **5** 章

休眠期的管理

第 **6** 章

病虫害、鸟兽害及生理障碍对策

第 7 章

大棚栽培的要点

第 8 章

新建园、幼树培育的要点

第 **9** 章

新树形、新栽培技术

附 录

第1章

无花果的生长
发育特性

1 日本的条件不利于无花果栽培吗

◎ 原产于干旱的亚热带地区

无花果原产于阿拉伯半岛南部干旱的亚热带地区（图1-1）。原产地的气温高，冬季的平均气温也不会降到10℃以下，所以无花果不耐寒。另外，无花果虽然说是落叶果树，但是几乎没有芽的自发休眠，即使是有也很浅，所以基本上没有打破休眠的低温需求。到秋季生长发育停止，树就落叶，是由于低温导致的生长发育强制停止。到了晚秋，依然很绿的无花果叶片，一遇到下霜就急剧地变色并开始脱落；相反，如果秋季持续加温，新梢会继续生长发育并坐果。因此，如果不考虑燃料费等成本，理论上周年栽培无花果都是可能的，实际上相关的栽培也在试验着。

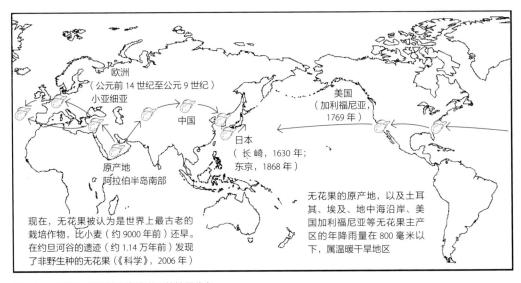

图1-1　无花果的原产地和向全世界的扩展分布

◎ 非常不耐雨，但是对水分的需求量很高

全世界无花果的生产量约为 110 万吨 / 年，其中土耳其最多（27 万吨 / 年），其次是埃及（17 万吨 / 年）、阿尔及利亚（11 万吨 / 年），其他主产地有非洲及欧洲的地中海沿岸，还有美国加利福尼亚等。这些地区的气候特点都是冬季温暖，并且年降水量特别是夏半期（4~9 月）的降水量比较少。与上述地区相比，日本的降雨量很多，不适宜栽培无花果，因为雨中、雨后成熟的无花果很容易腐烂，也不耐贮藏。

但是，无花果也不耐干旱，而是喜欢湿润。实际上，若在梅雨期结束后持续晴天，其他的树种不会受到多大影响，只有无花果开始落叶，生长也不旺盛。干旱地培育出来的无花果本应该是适合这种气候的，却出现了上述的反常情况，这到底是什么原因呢？

无花果的根不耐湿，在湿润且地下水易上涨的日本，无花果的根下扎得不深是造成这种情况的原因，这种情况在水田转换园中会更明显。另外，在梅雨期吸收雨水较多而出现软弱徒长的现象，梅雨期结束时又突然遭遇高温，这个因素也不能忽视。用盆钵栽培无花果树的试验证明，无花果对水分的需求量是很大的。虽然无花果不喜欢下雨，但是需水量还很大，其栽培的难点也在于此。

◎ 日本的适宜栽培地区

对于成熟期不耐雨的无花果，日本没有称得上特别适宜栽培的地区，如果说是较适合栽培的地区，就是具有夏季少雨的濑户内海式气候的地区，而且只是沿岸地区。虽然这些地区灌溉有些困难，但是比内陆地区的冻害弱，夏季的雷阵雨也少，因此很少有无花果品质下降的情况。现在日本的主产地是和歌山（纪北）、兵库、大阪、福冈等，这些无花果栽培面积大的地区和府县就是较适合的地区。与上述地区相比，虽然爱知县夏季降雨稍多一些，但是它克服了一些不利条件，再加上更努力地发展大棚栽培，创造了比其他地区栽培面积还大的产地。

对马暖流经过的日本海沿岸地区（一直到北陆地区），无花果栽培面积还很小，虽然这里冬季的降水量多，但是冻害弱、温暖的地区很多，因此被认为是出乎意料的适宜栽培地区。

与此相反，日本内陆地区昼夜温差大，离海岸越远栽培就越困难。在兵库县从沿岸向内 20 千米以上的内陆地区成功栽培无花果的产地还没有（图 1-2）。

从坐果生理来考虑，无花果的果实随着新梢的伸展，从枝条的下位节到上位节依次坐果成熟，因此，生长发育适温期长的地区，即发芽越早、秋霜来得越迟的地区越有利

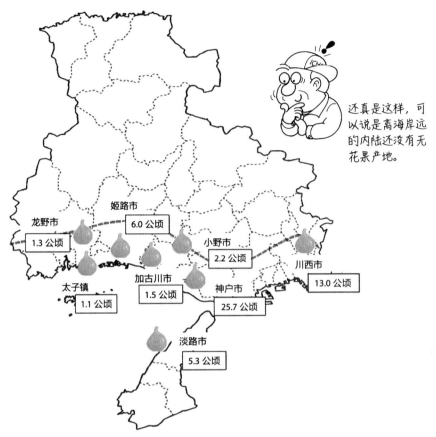

还真是这样，可以说是离海岸远的内陆还没有无花果产地。

图 1-2　日本兵库县主要的无花果产地分布

框内是栽培面积、蓝色虚线为离海岸约 20 千米的界线，2010 年

于无花果生长，产量就越高。

◎ 限制栽培的最重要因素是冻害

因为无花果的原产地在亚热带地区，像日本这样冬季出现零下的温度，无花果是经不住的。近年来成为热点话题的全球变暖，对讨厌寒冷的无花果也未必一定就是好事。

由于全球变暖，平均气温在上升。但是这个变化因地区、时期、时间而不同，根据情况不同有时温度还会下降。观察这个时期的气象灾害可以发现，显示出的气象强度的异常值表示北半球的年平均气温的偏差也在增大。现在无花果冻害的发生有增加的趋势，即使是在兵库县，2008—2010 年连续 2 年的冬春季节也在县内全域发生了冻害（图 1-3）。

因为收益高，所以日本无花果的栽培面积正在增加。在以前没有栽培过的寒冷的内陆也开始栽培了，冻害发生的危险性也将因此而增大，特别是主力品种玛斯义·陶芬最不耐寒冷（表 1-1）。

在日本，无花果栽培最大的限制因素是冻害，防止冻害的技术研究正在各地区进行着。

图 1-3　遭受冻害后地上部枯死的无花果树

表 1-1　不同品种的冻害发生差异（%）（真野，2010 年）

品种	发芽率	损伤程度[1]
玛斯义·陶芬	25	77
黑卡龙	75	43
加州黑	80	5
奈格劳拉尔告	90	0
果王	100	8
比傲莱·陶芬	100	5
蓬莱柿	100	0
门田	100	0
日紫	100	0
西莱斯特	100	0
棕土耳其	100	0
白热那亚	100	0

[1]　损伤程度指主枝背面受损、枯死或冻伤的面积的比例。

专栏

无花果是世界上最古老的栽培植物

无花果在世界各地都有栽培，栽培历史悠久，就像在亚当和夏娃的故事中出现的那样，据说从古希腊、罗马时代就开始栽培了。近年来，在约旦河谷遗迹发现了不是野生种的无花果（约 1.14 万年前），超过了以前认为是最古老的栽培植物——小麦（约 9000 年前），标志着无花果可能是世界上最古老的栽培植物（Mordechai 等，《科学》，2006 年）。亚当和夏娃吃的果实，比起产于寒冷地区的苹果，认为是无花果反而更容易被理解。

（真野隆司）

2 处于不同生长发育阶段的果实 在同一根枝条上混合生长

　　无花果的果实（销售的主要是秋果），除了在春季发芽的新梢基部 2~3 节外，在其余各节（腋芽）上都有着生。无花果坐果比较容易，随着新梢的伸展，从基部就依次着生，可见长 3~5 毫米的幼果（图1-4）。另外，因为每个果实从坐果到成熟都需要 75~80 天，所以在无花果的新梢上混合生长着不同生长发育阶段的果实（图1-5）。在 8 月中旬，有果实成熟的同时，将于 10 月上旬成熟的幼果在新梢的尖端部继续生长。

　　为了促进幼果的成长，如果肥料和浇水太多，将近成熟的果实着色和糖度就降低。相反，如果肥料和浇水控制得太过分，收获期后半段的产量就会急剧下降。这个适量适期把握的难度也是无花果栽培的特色。

图1-4　无花果坐果开始的样子

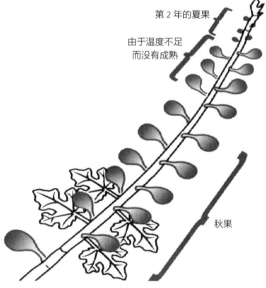

第 2 年的夏果

由于温度不足
而没有成熟

秋果

图1-5　无花果的坐果习性（木谷　供图）
在 1 根枝条上有不同生长发育阶段的果实同时存在

（真野隆司）

3 省力、高品质、产量高的新技术层出不穷——大有发展前途的果树

◎ 从非主流果树中脱颖而出

据说无花果传入日本是在江户时代（1603—1867 年）初期，但因成熟的无花果果实容易受伤、很难运输，所以一直以庭院栽培为主。即使是现在，在日本农林水产省的统计中，还将无花果作为特产果树这种非主流的树种进行归类。然而，在城市周边，通过灵活运用能很快到达消费者手中的地利优势，无花果也一直作为经济作物栽培着。随着经济的发展，日本的无花果栽培面积也大幅度地增长起来（图 1-6）。2011 年，日本无花果的产量约为 1.2 万吨，比其他的特产果树多好几倍，与作为主要果树的猕猴桃的产量（约 1.8 万吨）很接近了。

图 1-6　在市区街边栽培着的无花果（大阪府羽曳野市）

在日本栽培的无花果品种中有 7 成是玛斯义·陶芬，其余的品种是蓬莱柿，这两个品种原先都是外国的品种。日本栽培的主要果树一般都是国内改良的品种，从这个意义上来说，无花果被称为非主流果树也是正常的。但是，近年来以福冈县为中心努力地进行育种工作，积极推广了姬蓬莱和汁多味好的丰蜜姬等新品种，因而无花果作为日本果树的存在感逐渐地大了起来。

再说栽培技术问题。日本的果树栽培常被评价为具有"艺术性"，多根据已有的经验，由有高超技艺的职业能人探索出新的技术。但是在无花果栽培上，可以说即使是没有职业能人也能进行生产的技术得到了提高。

兵库县开发的一字形整枝法就是典型的代表性技术。由于枝条整齐排列，不仅作业效率大大提高，而且有即使是没有高超的经验也能容易栽培的优点。能人为地做成这样的树形，很大程度上要归因于无花果能在伸展的枝条上不断坐果的习性。换句话说，只

要肯动脑筋，无花果栽培中隐藏着方便人们操作的各种各样的方法。也可以说无花果是今后栽培技术有可能提高很大的一种果树。本书将对这样的技术进行列举并详细介绍。

◎ 开发省力、高品质、产量高的栽培技术

（1）白色垫覆盖地面栽培和大棚栽培，恢复树势的修剪等 利用塑料大棚等设施进行的促成栽培从很早以前就有了。近年来，又出现了各种各样的栽培技术，如用木箱等限制根域的栽培，像番茄那样只用岩棉做培养基的栽培等，不仅能根据不同情况调节温度、肥料和水，还能调节二氧化碳等环境条件。

另外，在露地覆盖白色的无纺布垫，防止雨水向土壤中渗入，在减轻雨水影响的同时，利用白色的反光效果来提高果实品质的栽培方法也在试验中。

在整枝、修剪方面，除了独具个性的一字形整枝和 X 形整枝外，像葡萄短梢修剪那样配置枝条的主枝高设形整枝法（无花果搭架栽培，见图 1-7）、使用 1 年生枝每年进行主枝更新的恢复树势修剪，以及把主枝连接起来，把树也连接起来的联合整枝等新的修剪方法不断地被开发出来。

在日本，无花果的栽培者多数是女性或高龄者等，从 1000 米^{2}左右的小规模开始经营的也较多，并且很多都是想轻松地尽早取得收益。因此，也正在试验着开园后 2~3 年就取得与成园相近产量的超密植栽培。因为要进行把枝条剪短的强修剪，所以是限定于树势弱的玛斯义·陶芬的技术，不过作为重茬地条件下的树势维持对策和冻害的早期恢复对策也值得期待。

图 1-7 像葡萄短梢修剪那样配置枝条的无花果搭架栽培（大阪府环境农林水产研究所）

（2）防除药剂的品种在增加 原来在无花果上能使用的农药就只有几种，近年来已多达 60 种以上。不仅农药的选择范围大大增加了，而且由于单一药剂连续使用而产生抗性病虫害的风险也大大降低了。

使用前面讲述的白色垫覆盖地面不仅减少了化学农药的用量，也减少了蓟马类导致的果实内部褐变的危害。市面上还有可防止蓟马类侵入果实内部、用来盖住无花果果孔

的黏性塑料膜。另外，在代替农药这一方面，可使用抗性砧木进行土壤病害防治。

（3）**抗性砧木也陆续被开发出来**　以前无花果是自根繁殖的，这是由于扦插生根容易，能简单地培育成苗，在伸展的枝条上也容易坐果，且定植的第 2 年就能开始收获，所以就干脆不用砧木进行嫁接了。

但使树极端衰弱的重茬现象和根结线虫的寄生等土壤障碍常常困扰着农户。近年来，无花果枯萎病蔓延也成为严重的问题。

枯萎病，就如同它的病名一样，是使树枯死的土壤病害（图 1-8），一旦发病再用药剂就很难根除了，不得不中断栽培的案例也出现过。日本栽培的主要品种玛斯义·陶芬和蓬莱柿都非常不耐枯萎病，用自根繁殖不能避免枯萎病的危害，因此，开始了利用抗性砧木的研究（图 1-9）。现在，虽然还没有能完全防止重茬现象和枯萎病的砧木，但是关于耐重茬的吉迪、耐枯萎病的奈格劳嫩等品种还比较有效。最近，福冈县选育了对重茬地和枯萎病都有效的奋发这一砧木专用品种。

由此可见，无花果能成为大有发展前途的果树，也有很多有望今后推广普及的技术。虽然有些技术正在试验阶段，但是作为有发展前途的无花果栽培技术，也会在本书中进行介绍。

图 1-8　由于枯萎病而枯死的玛斯义·陶芬（细见　供图）

图 1-9　在枯萎病抗性砧木上嫁接的无花果苗（细见　供图）

（细见彰洋）

专栏

夏果和秋果

无花果的 4 种类型

无花果根据坐果习性不同分成 4 种类型（表 1-2）。其中，因为在日本不存在授粉所必需的无花果小蜂，所以只栽培了具有单性结实性（即使不经过授粉也能坐果）的品种。

无花果的果实，根据它的生长发育特性分为夏果和秋果。

夏果，是在上一年度伸展的枝条上着生的长 3~5 毫米的幼果，并以幼果状态越冬，随着春季的发芽幼果也开始发育的果实，在 6~7 月时成熟。以上一年度伸展的枝条的尖端部为中心着生的果实为多，坐果数比秋果少。

玛斯义·陶芬也存在夏果，但是几乎所有的都在修剪时被剪除了，所以收获不到夏果的果实。因为蓬莱柿的修剪强度小，能坐少量夏果，也能收获到夏果的果实。

秋果，是随着新梢的伸展从下方依次坐果，在当年就成熟的果实。玛斯义·陶芬和蓬莱柿就是以这种秋果为对象进行收获的品种，从 8 月开始到秋季变冷后果实不能再成熟期间都能进行收获。

表 1-2 按无花果坐果习性进行分类

类型	特性	主要的品种
卡普里型	又叫原生型，栽培品种的祖先，在花托内同时具有雄花和雌花	帕尔玛特、斯坦福德、萨姆松
圣佩德罗型	又叫中间型，夏果虽然是单性结实，但是秋果必须利用卡普里型授粉	果王、比傲莱·陶芬、白圣佩德罗
斯密尔那型	夏果、秋果都必须用卡普里型授粉，在日本不坐果	卡鲁密尔那、斯坦福德斯密那、卡萨卡
普通型	夏果、秋果都是单性结实，在日本栽培的品种几乎都是这个类型	玛斯义·陶芬、蓬莱柿、丰蜜姬、白在诺

圣佩德罗型的果王

果王属于圣佩德罗型，只是夏果具有单性结实性。它的秋果虽然能坐果，但在日本因为没有授粉时必需的昆虫无花果小蜂，所以无法受精，坐果不久就落果了。这个类型的无花果还有比傲莱·陶芬、白圣佩德罗等。其中，比傲莱·陶芬是大果品种，品质也好，但坐果数少。而果王的坐果数就比其他品种多很多，生理落果也很少，因此在夏果专用种中是产量最高的（表 1-3 ）。

表 1-3　各品种无花果的夏果果实品质

品种名	单果重/克	糖度（%）	果皮颜色	单枝坐果数/个	落果率（%）	产量/克	收获期（月/日）
果王	49.3	17.3	黄绿色	18.0	15.5	764	6/26~7/23
比傲莱·陶芬	68.9	16.5	紫红色	4.2	76.0	69	7/7~7/15
白圣佩德罗	40.0	14.7	黄绿色	8.1	98.0	8	7/7~7/23

（真野隆司）

◎ 无花果的主要树形

无花果的主要树形见表 1-4。

（1）**一字形整枝（图 1-10）**　在日本，几乎所有的玛斯义·陶芬无花果产地都在采用这种整枝法。

采用这个整枝法后，树高较低（主枝高约 50 厘米），因为结果枝的高度和排列几乎是一定的，因此与杯形整枝和开心形整枝相比，作业效率高，作业舒适性好。这种使主枝向两侧笔直地伸展的极简树形，以及只需直线移动作业等特点，受到广大农户的好评。另外，这种整枝法也很适应大棚栽培。

采用一字形整枝的无花果比采用杯形整枝和开心形整枝的生长发育更旺盛，树势更强，但是有下位节接受光照差，果实易着色不良等缺点。另外，近地面的主枝易遭受辐射冷害，所以受冻害的危险性也高。

现在大家也认识到了提高主枝的高度就能减轻冻害，并且果实的品质也好。如何综合解决上述这些问题，还要期待今后技术的发展。

图 1-10　无花果的代表性树形——一字形整枝
玛斯义·陶芬几乎都采用这种树形

表 1-4　无花果各种树形的特征（细见　供图）

树形	特征	树形模式图（平面图）
一字形整枝	骨架：使主枝在一条水平直线上伸展，把新梢均等排列配置 空间利用：平面性的（利用率差） 树势调整：困难 果实品质：不稳定 作业效率：高 修剪法：回剪 适合条件：耕作层薄的土壤、树势中至强的品种	
X形整枝	骨架：使直线形的主枝呈 2 列平行伸展，把新梢均等排列配置 空间利用：直线性的（利用率差） 树势调整：稍困难 果实品质：稍不稳定 作业效率：高 修剪法：回剪 适合条件：耕作层稍厚的土壤、树势中至强的品种	
自然开心形整枝	骨架：使 3 根主枝呈放射状伸展，长出亚主枝、侧枝、结果母枝 空间利用：立体性的（利用率高） 树势调整：自由度高 果实品质：稳定 作业效率：差 修剪法：疏枝、回剪 适合条件：耕作层厚的肥沃土壤、树势强的品种	
杯形整枝	骨架：使 4 根主枝伸展，枝条的序列不如自然开心形明确 空间利用：平面性的（利用率稍差） 树势调整：较困难 果实品质：较稳定 作业效率：稍差 修剪法：回剪 适合条件：耕作层薄的土壤、树势弱至中的品种	
平架H形整枝	骨架：呈 H 形的 4 根主枝在架面上伸展，把新梢水平引缚，均等排列配置 空间利用：极平面性（利用率差） 树势调整：稍困难 果实品质：稍不稳定 作业效率：高 修剪法：回剪 适合条件：耕作层稍薄的土壤、树势中至强的品种	

注：引自日本《农业技术大系·果树编》第 5 卷追录 27 号《无花果》第 51 页表 1 及注释部分。

（2）**X 形整枝**　像图 1-11 这样，留 4 根主枝，整成 X 形树形的整枝法，在以爱知县为主的种植地区采用。栽植的株行距为 3 米 ×3 米，主枝高度为 30 厘米，比一字形整枝低。与一字形整枝相比，从主干到主枝尖端部的结果枝容易变得整齐，侧枝和结果枝的更新也比较容易，但是近主干部的结果枝下段的果实着色差，还要跨到垄上进行作业，作业舒适性就稍微差了点。因为主枝高度也较低，所以遭受冻害的危险性和一字形整枝同等或者更大一些。

（3）**自然开心形整枝**　这种整枝法，除玛斯义·陶芬以外，对树势强的蓬莱柿等无花果品种都适用。这是一种从很早以前就采用的整枝法，其树形是立体的，树势也容易调节，并且很快就能稳定下来，因此果实品质也好。但是，树容易长高，管理和收获作业就很费事，并且也容易被强风刮倒。另外，如果还不熟悉这种为了提高结果枝的整齐度而进行的修剪，作业就会变得很复杂也很费力。

图 1-11　X 形整枝的无花果树（细见　供图）

（4）**杯形整枝（图1-12）**　比起自然开心形整枝，采用杯形整枝的果树树高较低，所以受到的风害少，作业舒适性也好，结果枝下段的果实着色也比较好，在

图 1-12　树高较低、风害少的杯形整枝（玉木　供图）

玛斯义·陶芬的老产地，也还有采用这种整枝法的果园。但是，因为坐果部位都是在一个平面上，结果枝也容易下垂，所以容易因刮风而伤果。另外，作业移动路线也较复杂，比一字形整枝作业舒适性差，所以近年来采用这种方法的果园有所减少。

（真野隆司）

（5）**平架 H 形整枝**　对于树势强的蓬莱柿，这种树形被称为是值得期待的省力化的树形。应用葡萄的短梢修剪法，把 4 根主枝培育成 H 形，在每根主枝上左右交互 20 厘米的间隔配置结果枝。修剪和新梢管理工作很简单，同时结果枝在架面上能很规则地配置，作业移动路线直线化，变得很省力。只是，因为要对结果母枝在第 2 个芽时就进行回剪，与以前的疏枝修剪主体相比，新梢的生长发育变得旺盛。其结果是有的果实品质变差，有的成熟期推迟。遇有这种情况时，可在 7 月下旬留下 15 节左右对新梢进行摘心。如果是树冠扩大阶段的幼树，应注意观察树势并随时调节施肥量（也可参见第 9 章第 144 页）。

（粟村光男）

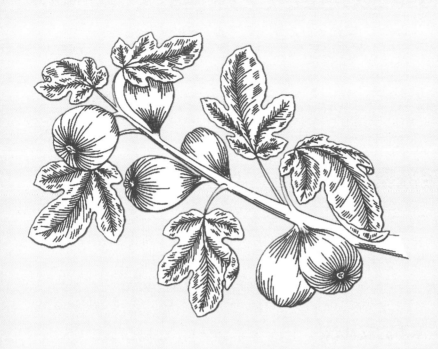

第 2 章

改善无花果作业
栽培的十大要点

1 如何减轻冻害

如第 1 章所讲的那样，日本栽培的主要品种玛斯义·陶芬的最大劲敌就是冻害。要想成功栽培无花果，首先要克服冻害。

这需要对园地选择、树体管理等进行探讨，提前防范可能遭遇的灾害。

◎ 要避免易发生冻害的立地条件

容易避免冻害的区域参见第 1 章第 3 页，即使是在同一产地，有易受冻害的地方，也有不易受冻害的地方。

例如，沿着高速公路的土堤因为有冷空气积聚而使那里的无花果园遭受了冻害。这个区域里有个果园的北侧与精米加工中心相邻使寒风被遮挡住，从而成为这一区域唯一避免发生冻害的果园。有很多这样的例子，在实际栽培时，由于条件稍有不同，冻害发生的情况就有差别。

要认真确认立地条件，再决定是否建园。这是即使暂时发生了冻害，也能使危害尽可能地减轻的一个要点。如果不能选址，若认为是易受冻害的立地条件，就需要更加费心地去考虑防寒对策。表 2-1 汇总了像这样易发生冻害的立地条件作为参考。

表 2-1　易受冻害的立地条件

分类	立地条件	
适地	地域分布：沿海地区	
	↓	· 冬季，从海上来的风易刮到的地域 · 湖泊、河流和池塘周围、附近有水面的场所 · 在都市周围被住宅围住的场所，邻接更好
	详细特征	· 南侧开阔、北侧有建筑物等不被寒风直吹的场所

（续）

分类	立地条件		
不适地	地域分布：内陆地区		
	↓	· 从山上刮下来的寒风直接吹到的地域 · 比周围更低、盆地状的场所 · 谷中凸出的场所、谷口附近	
	详细特征	· 在这个地域经常有晚霜，蔬菜等时有枯死的场所	

◎ 易受冻害的树和不易受冻害的树

冻害不仅取决于立地条件，还取决于树体条件。

（1）贮藏养分少的树　虽然是盆栽试验的结果，但在秋季强制地把叶片去掉的情况下，叶片去掉的越早，苗就越易受冻害而枯死。另外，秋季对栽到地里的 2 年生树进行环状剥皮，人工向枝条中补充贮藏养分，就能减轻冻害（表 2-2）。除此之外，幼树、苗木等，越是发生徒长的树就越易受到冻害。从上述的情况可以看出，休眠期树体内贮藏的养分（糖、淀粉）少时耐寒性就弱，贮藏量多时耐寒性就强。那么，如何增加贮藏养分呢？

表 2-2　环状剥皮对无花果 2 年生树冻害发生和贮藏养分含量的影响（2003 年）

试验区	枯死芽率[1]（%）	淀粉含量／（毫克／克鲜重）	糖含量／（毫克／克鲜重）
未处理	34.1	6.9	21.7
环状剥皮	7.8	23.5	33.3
差异性	**[2]	**[2]	**[2]

[1]　1 年生枝上的完全芽的枯死率。

[2]　** 为 1% 水平的显著差异。枯死芽率用 x^2 检验法分析，贮藏养分法用 t 检验法分析。

实际上，前面讲述的环状剥皮虽然能减轻冻害，但是剥皮部分的愈合性差，反而使树的生长发育变差。对于易愈合的剥皮宽度等，虽然还有探究的余地，但是这在栽培现场并不是简单易行的技术。还是要重新考虑每株的受光态势，在增加光合作用的同时抑制树的徒长，使树势稳定的基本管理是最重要的。

（2）树体处于易受冻害的位置　经常听到下面这样的话，在庭院里放任不管的无花果就不枯死，但是一旦试着大规模栽培，就频繁地遭受冻害。这究竟是为什么呢？

由兵库县开发的一字形整枝，虽然作为易操作的树形在大多数产地普及推广。但是，主枝的位置在地上约50厘米高处，靠近冷得厉害的地表，易遭受辐射冷害。枝条背部在夜间受到辐射冷害，白天又受到直射的强光照射，温度上升剧烈也易受到伤害。现在正在研究减轻冻害且对果实品质和作业没有影响的合适的主枝高度。

◎ 遭受冻害后的对策

即使遭受冻害，地上部都枯死了，但是就此放弃不管还为时尚早。毕竟是好不容易栽植的无花果树，只要不是太冷的地方，春季还会从植株基部发出新的枝条。利用这些枝条，再挑战一下还是可能的，只不过要比以前采取更充分的防寒对策。

研究发现，尽管遭受了冻害，但是预先提高栽植密度，产量就能很快恢复（表2-3）。详细情况在后面还要讲述（参见第9章第145页），如果预先知道是易发生冻害危险性高的场所，提高栽植密度也是防范措施之一。

表2-3　株距对冻害前后无花果的生长发育和产量产生的影响（2005—2007年）

时间	株距／米	新梢长／厘米	结果枝数／（根／株）	每根枝收获果数／个	产量／（千克／株）	产量／（千克/1000米²）
冻害前（2005年）	0.8	139.3 a[1]	4.0 c	13.8 a	3.77 c	2616 a
	2.0	108.7 b	10.0 b	13.0 a	8.40 b	2333 a
	4.0	86.0 c	20.0 a	12.3 a	16.62 a	2308 a
冻害后1年（2006年）	0.8	145.3 a	4.0 a[2]	9.8 a	1.60 a	997 a
	2.0	148.6 a	4.0 a	9.5 a	1.32 a	329 b
	4.0	152.0 a	4.0 a	9.0 a	1.82 a	228 c
冻害后2年（2007年）	0.8	137.4 a	4.0 c	11.7 a	3.22 c	2146 a
	2.0	125.0 ab	9.3 b	11.0 a	6.91 b	1919 ab
	4.0	106.8 b	16.7 a	11.0 a	11.96 a	1661 b

[1]　同一年度的不同字母表示5%水平的差异显著性（Tukey检测）。
[2]　2006年的新梢根数调整为平均每株4根。

（真野隆司）

2 为预防枯萎病，可以自己培育苗木

与其他果树的枝条相比，无花果很容易生根，扦插繁殖很容易。为了预防枯萎病，节约成本，推荐大家自己培育苗木。扦插作业就是在早春时将上一年伸展的枝条（休眠枝）插到土中，就这么简单。

◎ 土壤和水分的管理是重点

可以说，扦插成败的关键就在于土壤和水分的管理。因为如果经常积水，接穗就会腐烂，所以插床就要使用排水性好的沙质土壤。另外，为了不使枯萎病等土壤病害扩展，接穗就要使用没有发生过枯萎病的果园里的枝条。栽培过无花果及附近场所的土壤也不要使用。

另外，正因为使用排水性好的土壤，在根充分地伸展前特别害怕干旱。浇水时就需要十分用心地维持土壤的水分。待新芽充分伸展后再施肥即可。

◎ 也能用嫩枝进行扦插

不用休眠枝，而是用伸展旺盛的嫩枝（绿枝）进行扦插也是可行的。插穗的基本情况虽然和休眠枝相同，但是用嫩枝进行扦插时，不仅土壤而且地上部的枝条和叶片也不能干了。

例如，接穗上要留下约 1 片叶，还要把叶片剪小以防止水分蒸发，整个扦插的苗床用乙烯塑料薄膜等覆盖住。在塑料薄膜上戳上小孔，防止膜下温度过高。如果有直射光，还要进行遮光。顺利缓苗后，原先的叶即使是落了，从叶腋处还可冒出新芽，因此，要瞅准时机把乙烯塑料薄膜撤去。以后和用休眠枝扦插的管理方法相同，虽然比用休眠枝扦插的要稍微晚一点，但是到秋季苗就培育完成了。

◎ 为了预防枯萎病，砧木可以长一点

无花果栽培中，砧木的使用方法也在改进。要想使用砧木，就需要进行嫁接，像扦插那样，无花果的嫁接也很容易。使用一般的嫁接方法即可。另外，如果急着培育苗，

可以同时进行嫁接和扦插，采用 1 年就可培育成苗的接插法（图 2-1）。

嫁接的要点之一是确定砧木的长度。如果只是想使树势增强，就没有必要介意砧木的长度，但是如果有枯萎病等造成树干腐烂的土壤病害的情况下，为应对重茬，砧木如果太短，病害就有可能会蔓延到接穗上。

对于以防治枯萎病为目的的苗木制作方法，将在第 8 章详细介绍。

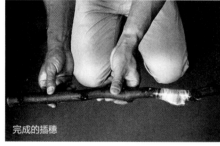

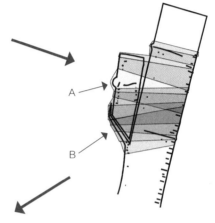

要注意缠胶带时不要妨碍以后发芽（A），使切开的砧木的表皮部和接穗的底部紧密贴合

图 2-1　无花果嫁接苗的制作步骤（细见　供图）

（细见彰洋）

3 **疏芽时要坚决放弃"再加 1 根枝"的想法**

春季对长出的新梢进行疏枝，控制枝数的疏芽工作做得不充分，导致枝数偏多的情况很常见。

在新梢伸出时，为了防止贮藏养分的浪费应尽可能地早一步进行疏芽。但是由于此时叶片生长也还没有变得繁茂，还存在"唉，再加 1 根枝也不是很好吗？"的想法，下不了决心进行彻底整理，最终使枝条留得太多。但是，无花果的成叶很大，如果混杂拥挤，坐果部位就被遮阴，通风也变差，雨天时易发生腐烂果，并且发生的时间也变长。导致决定无花果市场价值中最重要的果实着色变差。由于刮风导致叶片和果实互相摩擦产生的损害也大。

一字形整枝的情况下，基本原则是平均 1 米主枝有 4~5 根新梢，要坚决放弃再多留 1 根的想法。

4 使用的农药药量充足吗

◎ 怎样对付棘手的蓟马

无花果栽培中头痛的问题有哪些呢？对这一问题进行问卷调查，提到最多的是"病虫害防治"，其中对蓟马危害感觉很头痛的问题占绝大多数。

蓟马的虫体非常微小，一旦侵入果实内部，从外面很难分辨，因此非常令人头痛。另外，在无花果园周边杂草的花里就藏着很多蓟马。特别是近年来弃耕地增加，杂草也变多了，蓟马侵入无花果园的危险性就变得更大了。

那么，怎样防治呢？虽然在蓟马的发生季节及时喷洒了农药，但是在接近收获期时掰开 1 个果实进行调查，果实内部还是有褐变，有很多的果实受害了。"这可不得了！"尽管之后又防治了多次，但受害的果实恢复不了原样。并不是药剂没有效果，而是因为在这个时期防治，只对 10 月以后收获的果实有效果。

为了不出现危害，考虑改进的应该是药液的喷洒量和喷药的方法。

◎ 有效成分浓度低的药液，用药量要充足

有些农户在药雾一接触到枝叶时，就已经移动到另外的枝条处进行喷雾了。当然，药液的喷洒量就少，连标准的最低限度 200 升 /1000 米^2 也达不到。规模小的农户用手压喷雾器喷洒药液，甚至喷洒不到 100 升 /1000 米^2 的也有。就像喷洒防治水稻的粉剂那样，药雾一散开就认为喷好了。

但是，粉剂和可湿性粉剂，喷洒时有效成分的浓度完全不同。以粉剂和可湿性粉剂市场上都有卖的某种药剂为例，相对于粉剂的有效成分浓度为 0.15%，溶于水的状态的

可湿性粉剂的有效成分浓度为 3000 倍液，即 0.006%，浓度只有粉剂的 1/25。粉剂像烟一样散开的效果就很好；但是浓度低的可湿性粉剂，如果药液没有牢固地附着在植物体上，效果就发挥不出来。特别是无花果的叶片很大，若从一个方向喷洒，只会有一面附着药剂，并且叶片还阻挡了果实着药。

药液的喷洒量大体上为 200~700 升/1000 米^2，根据我们的经验，喷洒 200 升/1000 米^2 还会有轻度的危害。但是增加到 300~350 升/1000 米^2 时，危害就没有了。

对于茄子，以前平均喷洒 200~250 升/1000 米^2 药液，但是当南黄蓟马发生严重时，如果不喷足 400 升/1000 米^2，效果就不理想（井上等）。包括叶螨在内，微小的害虫在死角的部位残存的可能性很大。

用很细小的雾滴缓慢、细致地喷洒叶片的正面和反面是基本的要求（图 2-2）。

图 2-2　用很细小的雾滴认真地喷雾，叶片的正面、反面都喷洒到

◎ 比起蓟马的发生消长，坐果早晚更重要

很多技术推广员和农技指导员，热心地用粘虫板来认真掌握蓟马的发生消长情况。但是，蓟马主要对果实造成危害，尽管有较多的蓟马，如果无花果果实的孔不开，蓟马就无法侵入果实。

虽然蓟马的发生消长情况也是危害程度的标准之一，但还是干脆观察果园坐果开始的早晚，根据最早果的果孔打开时期来决定合适的防治时期，降低侵入果实危险期的害虫密度更重要。

5 力争成为浇水高手

◎ 用带孔的塑料软管或滴灌浇水

在第 1 章已经讲过，虽然无花果讨厌下雨，但是它的需水量很多，所以夏季以后的管理中特别重要的作业就是浇水（图 2-3）。

用水田转换地培育较多的无花果园，是在垄间进行浇水，这也带来很多的问题。例如，使用的水量比其他方法要多很多，大部分水被浪费了。在大旱的年份用水会和水田用水形成竞争态势，有的地块就浇不上水了。

使用水田的水利设施，一次性把水浇入无花果园，确实方便，花费也不大。但是，比这更好的方法还是用带孔的塑料软管和滴灌，用少量的水认真浇水，这对于无花果的根来说更适合。把需要的水量均匀地、顺利地浇到无花果根部。

图 2-3　力争成为浇水高手

这种情况下水的供给如何进行分管呢，而且需要多大的压力，如何用水泵把水从附近的水源提上来？另外，根据水质的情况，判断浇水的软管孔是否会堵塞，浇水装置的过滤网多长时间清洗一次等，为了到夏季用水时不慌不忙，需要预先检查好。

◎ 浇水量相同，生长发育也会不一样

浇水量的设定是很难的。"浇水的标准是多少呢？"经常听到有人这样问。实际上，即使是在同一个园中，适宜的浇水量也是有所变化的。我在用自动浇水滴灌管换算成日降雨量为 2.5~3.0 毫米的试验中，惊奇地发现尽管浇水量相同，但是还出现了生长发育强势的地方、生长发育适中的地方和生长发育差的地方。这样来说，即使是在同一个园中，需水的适量也是有所变化的。因此，只有调查一下树才知道它需要多少水，让栽培无花果的人成为"自己果园的浇水高手"是非常重要的。浇水的要点将在第 4 章中详细讲解。

6 不要舍不得去除"靠不住的果实"

无花果易腐烂。连续降雨时，腐烂果就会增多。以前，好多初次栽培无花果的人发牢骚说"要扔掉这么多果真是想不到"。实际上，经常有好几天不能收获，只能把这几天的果实全部废弃处理。

从很多果实当中选出漂亮的果实，组装在包装盒内是很关键的环节。对连续几天降雨后直接上市的果实进行选果是特别重要的。本来废弃处理的果实就增加了，由于这个时期味道和色泽都差，市场价格也易降低，想稍微增加一点出货量也是人之常情。但是，认为"这样的果实也还可以，就选上吧"，选上了 1 个劣质果，出现了问题就会失去信用。因为如果是由个人挑选出货的产地，市场经纪人要看箱上生产者的番号才买。

无花果的选果就是"选劣扔劣的技术"（图 2-4）。

图 2-4　出售后，包装盒内的腐烂果
认为"这样的果实也还可以，就选上吧"是致命的缺点。
无花果选果中重要的是"选劣扔劣的技术"

7 不要过度施肥和浇水

　　无花果的果实越大价格越高，但是，如果为了培育大果，过度施肥和浇水，树势就变强，叶片也变大，造成日照不好，果实着色立即变差，最终结果就是优良品率降低。另外，无花果在成熟前几天膨大，所以如果在这个时期浇水过量，不仅是因水多而形成低糖度的果实，而且果孔的裂口也增大，易从裂口处腐烂。

　　一旦腐烂果开始多起来，由于过于繁茂的状态还造成通风不良，腐烂果的发生时期就会延长。越是这样的树越不抗冻害。要时刻铭记"过度施肥和浇水并不是好事"。特别是在水田转换园，开园后数年由于土壤变干，肥料效果容易发挥出来，也易造成徒长。除施石灰进行酸性土壤改良外，即使是 3 年左右不施肥也是可以的。

8 出售时用包装盒装好无花果

　　我曾经参观过无花果品评会上得到特别奖的人的果园和作业现场。就是极普通的管理，也没有做一些特别的事情。但是，用盒装好后摆上审查台的无花果确实很漂亮，非常整齐一致（图 2-5）。问及获奖者本人，他笑着说"从很多果实当中选漂亮的好果实是关键。再就是把这些果实组装在盒子里"。

　　当然，并不总是选择在品评会上使用的色深的果实，但是需要选出着色程度适中的果实，巧妙把它们摆在盒子中。另外，需要用熟练的技术认真

图 2-5　在品评会上摆着的漂亮的无花果
诀窍是选出漂亮的好果实，并把它们巧妙地摆在盒子里

地处理很软的无花果，不要将它们弄伤了。亲自动手的人，真不愧是擅长装盒的高手。如果有机会在这些人身边，建议请他们做一下挑选装盒的示范。相反，明明是生产出了好的无花果，在装盒时不注意碰伤，结果没有卖出好价格的可能性很大。

没有看到有伤果，手忙脚乱地操作使果皮脱落了，较黏的乳汁粘到果皮上后附着上垃圾，大小不整齐的果实，这算是好技术吗？让我们认可的好的选果标准，是稍微有点病虫的果实也被挑出来……

装盒后，发现这个很好，那个很好，最后的还是很好，这样才能卖出好价钱。

9 行距要留出 2~2.2 米

在无花果的一字形整枝技术开发出来前，以原来的开心形和杯形整枝的平均面积结果枝数（3000~4000 根 /1000 米^2）推算，适宜行距为 1.5 米左右。但是，采用一字形整枝后，因为树势强，枝条伸展旺盛，结果枝下段的处于收获初期的果实着色易变差。自此开始反省，到现在以 2~2.2 米的行距进行栽植。结果枝数平均为 2200~2500 根 /1000 米^2。最后的结果是，走道内也有很好的阳光照入，日照最差的结果枝下段的果实品质得到了提高，通风也改善了，腐烂果也减少了。虽然结果枝数量减少了，但还是得到的好处多。将在后面介绍的密植栽培，行距也同样是 2~2.2 米（图 2-6）。

图 2-6　行距合适、通风良好，走道内也能照进阳光，腐烂果也减少

在大棚栽培中，因为大棚宽一般是 5.5 米，是栽 3 行还是 2 行呢？这是比较头痛的事。考虑到毕竟在高温的大棚内生长发育旺盛，还是栽植 2 行收获到的高品质的果实多。

（真野隆司）

10 和玛斯义·陶芬不同的蓬莱柿的栽培要点

和玛斯义·陶芬不同，蓬莱柿树势强，呈直立性，易长成大树（图 2-7）。它的顶端优势性强，枝条的发生少，在幼树时新梢容易徒长。新梢生长发育太旺盛了，就难以坐果，果实的膨大变差，糖度也降低，成熟期也会推迟。蓬莱柿要想稳定生产，最重要的是"如何使树势稳定"。

◎ 每株的新梢要多留一些

不仅局限于蓬莱柿，无花果的新梢生长发育与平均每株的新梢数量有很大关系。密植中，1 株上发生的新梢数减少时，每根新梢的伸展就变得旺盛。相反，稀植中平均每株的新梢数量增多，就能抑制徒长。栽植蓬莱柿，要先留出宽敞的间隔，使树冠扩大，使 1 株配置的新梢数量增多，以

图 2-7 蓬莱柿的放任生长树（粟村 供图）
和玛斯义·陶芬不同，蓬莱柿的树势强，呈直立性，易长成大树

控制新梢的生长发育，这一点尤为重要。虽然根据土壤条件不同，栽培情况也有所不同，但是株行距为 10 米 × 10 米（平均 10 株 /1000 米^2）的情况下，要确保平均每株有 500 根（5000 根 /1000 米^2）新梢。

◎ 结果母枝不能回剪得太过分了

对于玛斯义·陶芬，虽然根据树势多少有些不同，但修剪时要把所有的结果母枝基部的第1、第2个芽留下后进行回剪。如果对蓬莱柿进行这样的强修剪，发生的新梢就易徒长。在扩大树冠、树势稳定之前，采取以疏枝为主，对结果母枝少回剪，加强引缚等的整枝管理，尽可能多地留下结果母枝。这样做有助于在早期收获更多果实。

树形完成后，虽然也可以回剪，但是前提是不使新梢发生徒长。在这个范围内进行回剪。

◎ 也能生产夏果，不过只是作为副产物

（1）能在7月下旬收获的夏果　蓬莱柿以疏枝修剪为主，对结果母枝不进行回剪。因此，在结果母枝尖端数节上着生果实，能收获到果实（图2-8）。这些果实（夏果）随着新梢的发芽开始生长，在新梢上坐的果在秋果之前的7月下旬就能收获。

（2）浇足水，防止夏果的生理落果　夏果的单性结实性不怎么强，5月中旬以后生理

图2-8　在蓬莱柿的结果母枝尖端着生的夏果（粟村　供图）

落果就变多。这个时期新梢的伸长也很旺盛，对养分、水分的竞争都很激烈。因此，要浇足水，防止土壤干旱，以促进夏果单性结实。

（3）对于夏果，平均1根结果母枝留2个果实以下　即使是玛斯义·陶芬，留下结果母枝不进行回剪时，也可着生夏果。但是，玛斯义·陶芬的夏果收获正赶上7月上中旬的梅雨末期，需要进行遮雨。与之相对应的蓬莱柿，在通常年份的梅雨期结束后收获，赶在秋果之前就能上市，所以能以较高的单价出售。从经营方面来说，虽然想增加夏果的产量，但是平均每根结果母枝的着果数少，产量只有秋果的1/10左右。而且，如果夏果多了，结果枝上的秋果就变小了（表2-4）。夏果总是作为副产物来收获，疏果时使每根结果母枝留下2个果以下，以秋果为主进行栽培。

表 2-4　蓬莱柿夏果的产量对秋果的影响（粟村等，1986—1988 年）

平均每根结果母枝的收获情况				单果重	
夏果数 / 个	夏果产量 / 千克	秋果数 / 个	秋果产量 / 千克	夏果单果重 / 克	秋果单果重 / 克
2.0 以上	0.31	14.3	1.15	114	80
1.5~2.0	0.16	13.8	1.18	104	86
1.5 以下	0.11	9.3	0.81	97	87
0		11.8	1.1		93

◎ 平架栽培和矮树化

从结果母枝的顶芽上发出的新梢，比从腋芽发出的新梢发芽期早 1 周左右，坐果好，果实的品质也高，成熟期也早。如果不进行回剪，从这个顶芽上发出的新梢可作为良好的结果枝进行利用。

但是，蓬莱柿因顶端优势性强，如果利用顶芽，腋芽的发生就受抑制，坐果部位就易上升，必需的新梢数量也难以确保。以前的蓬莱柿会整理成自然开心形，为了矮树化和缓和顶端优势，使用木桩和支柱对主枝、亚主枝、侧枝进行引缚（图 2-9）。这样，由于枝条的引缚提高了果实的生产性能，但是由于园内设置使用了很多的支柱和引缚用的细绳，作业就很不方便了。因此，便引进了平架栽培方法（图 2-10）。

通常，设置上和其他果树一样的高 1.8 米左右的平架，树形用 2 根主枝或者 3 根主枝的开心形，把主枝、亚主枝、侧枝、结果母枝引缚到架面上。架间拉线的间隔越小越容易引缚，但是最小也要确保有 50 厘米的间隔。

图 2-9　蓬莱柿的自然开心形树形
使用木桩和支柱对枝条进行引缚，使生产性能得到提高，但是作业变得不方便了

图 2-10　蓬莱柿的平架栽培（真野　供图）
随着矮树化，易从腋芽抽生新梢，易确保产量，果实的品质好、整齐

采用平架栽培，在能使树高变矮的同时对结果母枝进行水平引缚，减少顶端优势，腋芽上新梢的发生就容易了。其结果是在平架上均匀配置新梢，也易确保产量，果实的品质好并且整齐，也能防止坐果部位的升高和枝条的秃顶等。园内没有了木桩和支柱，作业也方便了，调整喷雾器和割草机等管理机械的引入也变得容易了，节约劳动力。今后的蓬莱柿栽植，希望采用平架栽培的方法。

◎ 施肥量稍微少一点才正合适

施氮肥过多，新梢就徒长，果实的膨大变差、着色不好、成熟期也推迟。特别是水田转换园的无花果在幼树时树势容易变强。根据园地的情况，有些园在栽植后 5 年不施肥都对生长发育没有影响。

因为无花果是浅根性的，比其他的果树更易显现肥效，即使是在施基肥不足的情况下，也易通过追肥补充养分。对于树势强的无花果园，施肥量可在标准以下，考虑树势和坐果量来决定施肥量。绝对禁止过量施肥。

（粟村光男）

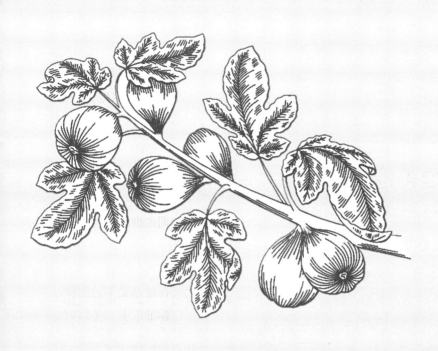

第 3 章

休眠期、
萌芽期、新梢
伸长期的管理

1 最大的难关是冻害

◎ 天气异常变化也会促使冻害发生

（1）从晚秋到早春最容易发生　在无花果各个品种中，耐寒性最弱的玛斯义·陶芬在休眠状态能耐 –10℃左右的低温，但是早春以后，树液开始流动了，耐寒性就急剧下降，萌芽状态的芽在 –2℃以下就几乎都枯死了（图3-1）。实际的冻害也多在这个时期发生。像降霜这样的天气条件（晴天无风）下，辐射冷害使近地表的树体比气温冷，因此实际的冻害即使是在比这高的气温下也会发生。

但是，近年来的冻害在早春以外的时期也会发生，所以必须注意。2008 年 11 月 22 日，兵库县遭遇了 30 年 1 遇的低温，培育中的苗木多数受到了冻害。这一年的秋季在

图 3-1　发芽后 –2℃时发生的冻害（圆圈内）
图中为 –6~0℃的低温处理 5 天后的 1 年生苗木（玛斯义·陶芬）

此之前又出现了高温倾向，树体的活动还处于旺盛状态，这也被认为是助长了冻害。受全球变暖的影响，天气的极端变化就容易带来很大的影响，这个问题是确实存在的。

（2）**大的损害**　冻害的症状为苗木和 1 年生枝不发芽，不久全株凋萎，褐变枯死（图3-2）。成年树除不发芽外，在主枝的背面、主枝和结果母枝的分叉部、结果母枝的背面等部位出现皱褶、裂缝后，又生出红色或黑色的霉菌并变色，这些部位树皮下的形成层枯死，很容易脱落，露出木质部（图 3-3）。另外，黄星天牛等蛀树害虫易飞至损伤部位并在此处产卵，在树皮下取食为害，因此损伤更加扩大。这些情况都会造成地上部有很多枯死。

（真野隆司）

（3）**尽管蓬莱柿无花果比较耐寒，但是……**　蓬莱柿比玛斯义·陶芬耐寒性强，耐冬季低温的能力强。更进一步，因为一般是自然开心形树形或是平架栽培的，主枝的位置比一字形整枝的玛斯义·陶芬要高，不易受晚霜危害（图 3-4）。

图 3-2　因冻害枯死的玛斯义·陶芬的 1 年生枝
上图为被害枝，下图为健全枝

图 3-3　冻害损伤树皮，露出木质部的枝条

图 3-4　比起近处的玛斯义·陶芬，主枝位置高的蓬莱柿（远处）不易受晚霜危害（粟村　供图）

但是，如果在发芽、展叶后遇到极端低温，有时就会造成新芽枯死等危害。同其他的无花果品种一样，选址建园时要避开冷空气易停滞的地形。

（粟村光男）

◎ 防止冻害发生的措施

（1）把树体涂白　大家都知道无花果的冻害多发生在早春之后，但具体在哪一天产生低温危害却不确定。采取比休眠期时更细致的防寒措施，果园遭受的危害就轻。另外，对于数年只发生1次冻害的地区，由于冻害的影响会长达几年，所以要尽可能地实施更细致的防寒措施。

如前所述，受害的部位多在枝条的背面。在这些部位提前涂抹涂白剂（白石灰等，见图3-5）。涂抹的时期在12月前后，但是在白色因风吹雨淋而变浅时，3~4月也可再涂1遍。把树体表面涂成白色，对辐射冷害和日灼都可起到缓冲作用，所以有较好的保护效果，但是，如果预测到受害较多的场所和地区时，还需要再采取一些防寒覆盖措施。

图3-5　在枝条背面涂抹涂白剂
涂抹的涂白剂除可用于防止冻害外也可防止日灼

（2）将树体用稻草、镀铝薄膜包裹覆盖起来　主要的防寒包覆材料有稻草和镀铝薄膜。以主枝等的背面为主，用稻草把整株包上4~5厘米厚的一层（图3-6）。这样做比未包覆的可提高2~4℃，但是比较费时间（平均1000米^{2}约需40个小时）。近年来由于使用联合收割机收割稻谷、小麦等，大量稻草的获得也是一个难题。

也有使用反光的镀铝薄膜（铝箔纸等）的方法。在保温的同时，也有抑制白天直射光引起的温度急剧上升的效果。

图3-6　为防寒，在树干、枝条上缠上4~5厘米厚的一层稻草
这样做具有提高2~4℃的保温效果

用宽 120 厘米的镀铝薄膜，包覆在主枝的背面（上面），下面开放，这样就容易接收从地表反射上来的辐射热。如果镀铝薄膜和树体直接接触，效果就会变差，所以用橡皮圈把镀铝薄膜在结果母枝处固定住（图 3-7）。稻草包覆法保温效果稍好一点，也能抑制白天温度的升高，但是所需的劳动量大，是镀铝薄膜包覆法的 4 倍左右。也可将两种方法结合起来，采用先在主枝背面包覆稻草，然后再包覆镀铝薄膜的方法。特别是在主枝较细的幼树期保温效果很好。

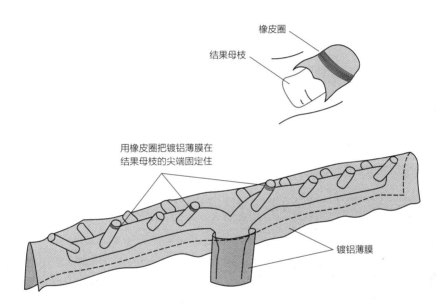

橡皮圈

结果母枝

用橡皮圈把镀铝薄膜在
结果母枝的尖端固定住

镀铝薄膜

图 3-7 镀铝薄膜包覆法（堀本 供图）
用镀铝薄膜包覆主枝的背面（上面），用橡皮圈固定住结果母枝的尖端（右上图），下面放开

（3）用透明塑料薄膜包覆的效果不好 另外，不要使用透明的塑料薄膜等作为包覆材料。因为白天包覆内的温度上升，树体生长发育变快，反而增加冻害的危险。

关于防寒材料的选择，基本原则是，能遮断辐射冷害和白天的直射光，能缓和夜间的温度下降和白天的温度上升。

◎ 包覆材料在 4 月上中旬以后撤去

虽然根据地区不同而有所不同，但是在休眠期包覆的稻草等防寒材料，在 4 月上中旬以后就可撤去。因为萌芽之后再撤掉，在操作时容易伤芽，所以要观察着芽的生长动态，慎重操作。另外，当有霜冻预警时，或有倒春寒流来临时，就需要做好准备，把稻草和防寒材料再次包上去。只是，把稻草铺在地面上不是好做法。铺在地上的稻草有除草效果，但是把它放在树的附近会抑制白天蓄积的热辐射，更加重了树体的冻害。在地面铺稻草的时间，是在冻害的危险性完全没有了之后，至早也要在 5 月初以后。

◎ 遭受冻害后的措施

如果遭受了冻害，根据受害的程度采取不同措施。

（1）幼树　虽然也有幼树等的地上部全部枯死的情况，但是一般会从树干基部再发出几根新梢。从发出的新梢中选留生长发育好的 4 根左右，作为主枝候补再进行培育（图 3-8）。

这时即使是采用一字形整枝也要留下 4 根新梢。如果突然地留下 2 根新梢就会造成这 2 根枝条徒长，就不如留 4 根新梢，制造一个养分的排泄口，更能培育成充实的枝条。由于跳过了下位节，产量虽少，但是也能有一定的收获量。在下一个休眠期进行疏枝，留下 2 根枝条培育树形。完成后，形成像从地面上突然冒出主枝一样的树形，无花果即使整枝稍微粗糙也能够栽培。

图 3-8　冻害发生后的措施（2006 年）
①为发生冻害的树，②为伐去枯死的主枝后的树，③为又发出的第 1 年的结果枝。留下生长发育好的约 4 根新梢，作为主枝候补再进行培育

（2）成年树　对于成年树，应从能看到健全芽的部位及早回剪，从这个地方再培育主枝，并在切口处涂上甲基硫菌灵膏剂等进行保护。如果只是轻微冻害，就只是发芽晚了一点，也可能未及时发现冻害，结果是几个月后在主枝等的树体背面发生褐变或出现裂缝（图3-9）。为防止黄星天牛在这些部位产卵、取食，要在6~7月用杀螟松的原液涂抹一下。在休眠期把枯死的受害部分刮掉（图3-10），并涂抹甲基硫菌灵膏剂等进行保护。

图 3-9　由于冻害而受伤的主枝背面（圈内）

图 3-10　在休眠期把枯死的受害部分刮掉，涂抹上甲基硫菌灵膏剂等进行保护

（真野隆司）

专栏

嫁接树的耐寒性更强

2010年3月27日，福冈县发生了晚霜危害。根据福冈县农林试验场丰前分场（行桥市）的自动气象数据探测系统记录的数据，最低气温为 –1.1℃，各种果树发生了新芽枯死和发芽障碍等。特别是一字形整枝的无花果，主枝着生的位置是在地上40~50厘米处，易与冷空气相遇，因此受到了很大的危害。

但是在同一个分场栽植的福冈县育成的用对枯萎病有抗性的"奋发"砧木嫁接的玛斯义·陶芬，即使是遭遇晚霜后发芽率也达到了100%，没有受到一点危害（图3-11、表3-1）。在早春树液

图 3-11　嫁接树（右边）比自根树耐寒性强

开始流动造成耐寒性下降时，易受晚霜危害。嫁接树不易受晚霜危害的原因虽然现在还没有探究清楚，但是推测是它与自根树的树液流动的早晚和快慢不同等有关。

今后，如果这个效果被探究明白了，嫁接栽培就可以作为应对晚霜的有效手段了。

嫁接树耐寒性很强呀！

表 3-1 玛斯义·陶芬嫁接树和自根树的晚霜危害情况（井上等，2010 年）

树的种类	枯死芽率（%）	未发芽率（%）	发芽率（%）
"奋发"砧木嫁接树	0	0	100.0
自根树	38.6	31.8	29.5

注：均遭受了 2010 年 3 月 27 日的晚霜危害。

（粟村光男）

2 通过疏芽调整坐果

无花果生长的基本规律是 1 节着生 1 片叶、坐 1 个果，不用像其他果树那样进行疏果。但是，为了收获到高品质的果实和调整树的生长发育情况，就需要进行疏芽。

疏芽是为了减少贮藏养分的消耗，所以要及早进行。第 1 次疏芽在展叶 2~3 片、新梢长 5~6 厘米时进行。树势强的情况下，在展叶 5~6 片时进行第 2 次疏芽。树势很强的情况下，在展叶 8~9 片时进行第 3 次疏芽（表 3-2）。根据树势情况分 1~3 次进行疏芽，使枝条的生长整齐，留到目标的结果枝数。树势强的情况下，因为不同枝条的生长发育情况有很大差别，所以就稍晚一点再疏芽，除去强芽，留下适中的芽以保持生长整齐一致（图 3-12）。

表 3-2　疏芽的时期和标准

疏芽次数	时期		进行疏芽的树势
	展叶数 / 片	新梢长度 / 厘米	
第 1 次	2~3	5~6	全部
第 2 次	5~6	10~15	适中至强
第 3 次	8~9	30~40	强

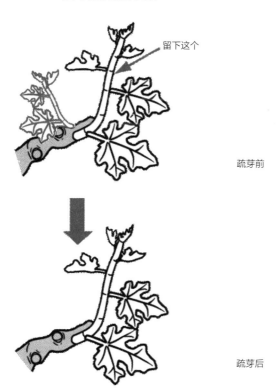

结果母枝弱时就留下强芽

留下这个

结果母枝强时就留下适中的芽

留下这个

疏芽前

疏芽后

图 3-12　根据树势进行疏芽（山下　供图）

◎　结果枝的配置间隔

　　一字形整枝的玛斯义·陶芬，主枝上结果枝的间隔一侧是 40 厘米，两侧交互着计算是 20 厘米；若为肥沃地，一侧是 50 厘米，两侧交互着计算是 25 厘米。因为不能严格用尺子测量，可在每米主枝上两侧交互 20 厘米间隔下配置 5 根结果枝，25 厘米间隔下配置 4 根，间隔的大小通过引缚来调整。

◎ 巧妙疏芽的方法

巧妙疏芽的方法见图 3-13。

① 把要去除的芽用
小刀等从基部削除

向上的秋芽要彻底削除

② 除去秋芽

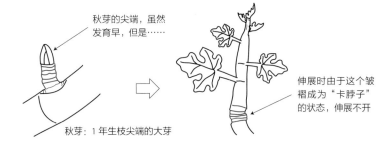

秋芽的尖端，虽然
发育早，但是……

秋芽：1年生枝尖端的大芽

伸展时由于这个皱
褶成为"卡脖子"
的状态，伸展不开

③ 尽量把横芽留下
（从主枝尖端看）

上芽：因为易徒长性伸展，所以要除去

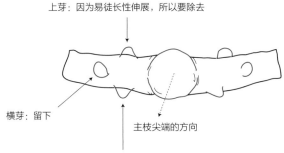

横芽：留下

主枝尖端的方向

下芽：如果没有向好的方向伸展的芽，就把下芽留下

④ 把结果枝的间隔调整均匀
（从上面看）

箭头的方向表示留下的芽的伸展方向

主干

结果母枝

主枝

图 3-13　疏芽的方法（玛斯义·陶芬）

①对要除去的芽用小刀等从基部削除。

②留下从结果母枝的节上发出的完全芽。不定芽和隐芽坐果晚，易形成空节，要除去；上一年伸出较短的枝条尖端的芽（秋芽），虽然萌动较早，但是因为不久就容易生长发育不良，也要除去。

③留下横芽或者是向下的芽。向上的芽易徒长，所以要除去。只是，树势弱的树或者树干扩大完成的成年树，可留下主枝尖端部向上的芽以促进生长发育。

④为使结果枝的间隔整齐、不浪费空间，所以尽量留下结果母枝的间隔向宽敞的方向伸展的横芽。

⑤因为从粗的结果枝上发出的芽容易长得强壮，所以留下离基部近的下芽或横芽。

⑥从地表处发出的蘖，要彻底地从基部削去。因为它会在生长发育期间不断发生，成为害虫的栖息场所，有时沾到除草剂的药液还会影响到整株树。

（真野隆司）

◎ 蓬莱柿的疏芽

（1）有 2~3 片叶展开就可开始疏芽了　平架栽培中，把结果母枝向架面上水平引缚时，蓬莱柿就会发出很多新梢（图 3-14），同玛斯义·陶芬一样，新梢展开 2~3 片叶时就开始疏芽了。若结果母枝长，就留下 2~3 根新梢，适中的结果母枝留 1~2 根新梢，短的结果母枝留 1 根新梢。

（2）顶芽和基部附近的芽一定要留下　疏芽时首先要留下 1 个顶芽，将结果母枝上向上、向下的芽疏除；对从横芽上发出的新梢，每隔 20 厘米的间隔左右交互地留下。另外，为了防止坐果部位的上升，对离结果母枝基部近的新梢（芽），一定要留下 1 根作为将来回剪的候补枝（图3-15）。

图 3-14　平架栽培的蓬莱柿有很多新梢发出

（3）在架面上平均 1 米^2 留 5~6 根新梢　人们往往会这样认为，新梢（结果枝）留得越多，产量就越高。实际情况是，新梢多了就混杂拥挤，即使是产量高了，但是果实的光照变差，着色变差，糖度降低，成熟期也推迟（表3-3）。平均 1000 米^2 留5000~6000 根新梢（平均 5~6 根 / 米^2）比较适当。

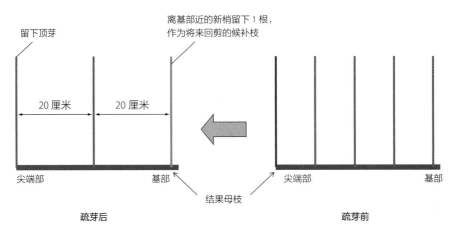

图 3-15　蓬莱柿的结果母枝的疏芽（从侧面看）

表 3-3　平架栽培蓬莱柿的叶面积指数和果实生产（粟村等，1993 年）

叶面积指数	平均每 10 米²		产量 /（吨 /1000 米²）	果实品质				80% 收获结束日（月 / 日）
	新梢数 / 根	叶数 / 片		单果重 / 克	糖度（%）	果皮颜色（色卡表值）	着色比例（%）	
1.2	32	287	1.3	76	15.4	4.4	76	10/4
1.7	38	399	1.8	89	15.3	4.3	71	10/4
2.1	51	520	2.4	91	14.5	2.6	57	10/7
2.7	72	655	3.0	94	13.4	2.0	50	10/11

（4）用疏芽的早晚来控制树势　对于玛斯义·陶芬，也要对树势弱的树进行疏芽，使之早一点达到所定的数量，促进留下的新梢伸长；相反，对树势强的树可推迟一下疏芽时间，分几次进行疏芽，以防止新梢徒长。

对于夏果，在结果母枝尖端部多时可坐 4~5 个果实，但坐果过多会使秋果的成熟期推迟，有的只能长成小果。在生理落果结束后的 5 月下旬疏果，平均每根结果母枝留下 1~2 个果实。

（粟村光男）

3 新梢管理——引缚、摘心、副梢处理

◎ 对结果枝要早一点引缚

通过疏芽控制留下了适宜的结果枝，这样下去也不一定能生产出高品质的果实。玛斯义·陶芬具有开张性，枝条容易下垂，如果不早一点引缚就会倒伏在走道上，从而影响作业，结果枝基部的光照也变差。另外，还要防止因刮大风时叶片互相摩擦而损伤果实。因此，6 月上旬，展叶数在 10 片左右（新梢长 40~50 厘米）时就要进行引缚。

引缚的方法为把第 7、第 8 节用细绳系起来，边缠绕边向上吊，系到树上的引缚线（高 1.2~1.5 米）上（图 3-16）。用什么样的细绳都可以，但是如果系得太紧，随着枝条的增粗，以后细绳会勒到结果枝的基部，因此，要稍宽松地系住。另外，随着生长发育，结果枝会垂下来挡住走道，要随时把结果枝用引缚细绳缠绕住，使结果枝立起来。细绳太松时，就重新缠绕。枝条间隔的微调整虽然稍有难度，不过也有省力的方法，如在高约 80 厘米处再拉上 1 根引缚线（图 3-17 右），也有用园艺捆扎引缚器固定住的方法。X 形整枝时，沿着结果母枝设置上支柱进行引缚。

图 3-16 用细绳缠绕玛斯义·陶芬的新梢进行引缚
随着生长发育，结果枝垂下来时，随时缠绕新梢并向上引缚

注：对树势强的玛斯义·陶芬幼树在 6~8 月进行这种引缚处理，积极地使细绳勒进结果枝基部，可促进果实品质提高和产量提高，已有试验证明了这一点（大畑《农技大系果树编》无花果技术 14，农文协，2007 年）。这是一项大有前途的实用化技术。

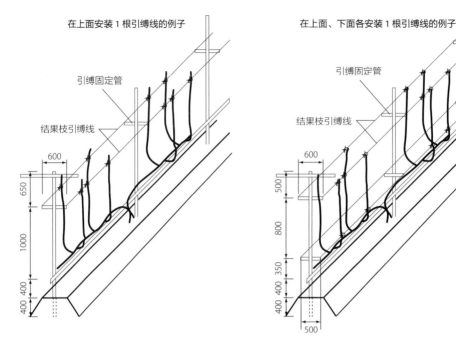

图 3-17　引缚线固定管和引缚线安装案例（单位：毫米，外川　供图）

◎ 夏季不用修剪，而是摘心

生长发育良好的无花果结果枝，7 月以后继续伸展，也继续坐果。但是，果实成熟在坐果后需要 75~80 天。为此，坐果晚的果实因为晚秋的低温就不能收获了。

为了把多余的叶片和新梢使用的养分分配到果实中，以促进果实的膨大和成熟，就要进行摘心。摘心也有抑制过度繁茂、使下段的果实能更好地受到光照的效果。

（1）摘心位置在 18 节前后，最近在 22 节也可以　摘心就是用手指尖把还未展开叶从尖端的生长点处掐掉（图 3-18 左）。具体在第几节摘心，要根据秋季变冷的早晚来决定。以前在新梢伸长到 18 节前后时（7 月上中旬）摘心，到 10 月就能收获，在这以后由于降霜就不能收获了。但是，近年来可能受全球变暖的影响，很多年份到了 11 月也能收获。如果是这样的地区，延长到 22 节左右再摘心应该也没有问题。

只是，因为 10 月以后无花果的价格不太确定，所以摘心的节位也要考虑出货计划（出货截止时间）而决定。

另外，即使是途中有空节的也要算作 1 节。不要忘记节数并不是指果实的个数。

（2）夏季修剪对果实有很不好的影响　摘心晚了，有时就要把过度伸展的几节剪去（图 3-18 右），尖端部的果实多数就变红了。虽然还没有对后面的果实的发育或成熟造成影响的明显数据等，但也有人指出夏季修剪有不好的影响。另外，树势强时，暂时不

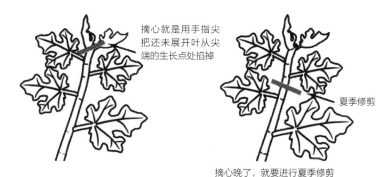

摘心就是用手指尖把还未展开叶从尖端的生长点处掐掉

夏季修剪

摘心晚了，就要进行夏季修剪

图 3-18　玛斯义·陶芬的摘心和夏季修剪

要勉强摘心，配置到 20 节左右时再说。摘心过早，果实就容易呈洋葱状。相反，生长发育弱，到目标节位时未展叶的情况下就不摘心。

◎ 只留下尖端部的副梢

摘心后，从结果枝的尖端附近就会发出副梢，树势强的树有的可发出 5 根以上。如果放置不管，就会和不摘心一样成为过度繁茂的状态，因此要及早从基部去除这些副梢。如果去除晚了，果实就会变成红色。但是，为了制造养分的排泄口，要留下从尖端处发出的 1 根副梢，在 5~6 节再次摘心（图 3-19）。如果都从基部除去，最上段的果实就会形成扁平果，也叫"丑八怪"。

除此之外，树势强的情况下，在 5 月末前后结果枝基部附近发出的副梢也要尽早除去（图 3-20）。在第 3 节以内发出的，把这里的芽作为第 2 年的结果枝使用时就留下 1

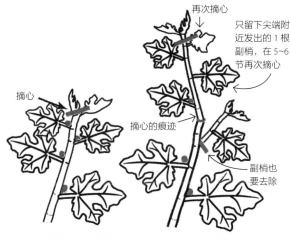

再次摘心

只留下尖端附近发出的 1 根副梢，在 5~6 节再次摘心

摘心

摘心的痕迹

副梢也要去除

图 3-19　玛斯义·陶芬的摘心和摘心后的副梢处理

图 3-20　结果枝基部附近发出的副梢应尽早除去（从虚线位置除去）

片叶再除去。如果从基部去除就没有芽了，第 2 年也不发芽。

（真野隆司）

◎ 蓬莱柿的新梢管理

为了使新梢数达到 5000~6000 根 /1000 米 ^{2}，需要通过早春的摘芽和新梢伸长期的疏枝进行调整。

平架栽培中，通常是把新梢捆绑在架面上，进行水平引缚。如果引缚过早，引缚后的副梢就旺盛地发生，因此大致从新梢伸长停止的 7 月下旬时开始，到收获前的 8 月上旬结束。以平均 1 米 ^{2} 架面留新梢 5~6 根作为标准，把不要的新梢从基部处切除。

一般新梢在 7 月下旬时伸长就停止了，但是树势强的树和把结果母枝都疏除了的树，伸长停止就会晚一些。这种情况下，在水平引缚时留下 15 节左右后摘心。摘心后发生的副梢，按照玛斯义·陶芬的一字形整枝，在尖端留下 2~3 片叶再摘心，其余的叶片全部摘除。

（粟村光男）

4 适度施肥，不能太多也不能太少

◎ 适时适量进行追肥

无花果新梢伸长、果实膨大、果实成熟是同时并行的。为此，一年当中都不要让树体缺了氮肥，保持适度的肥效。特别是水田转换园的无花果的根浅，追肥的效果比其他果树易显现出来。

总体上树势稳定的品种玛斯义·陶芬，一般采用 1 年中分几次追肥的施肥管理体系。特别是沙质土壤、肥料流失多的果园和树势弱的果园，6 月上旬 ~10 月中下旬施礼肥，每隔 30~40 天，平均 1000 米 ^{2} 施氮肥 2 千克左右。施速效性的复合肥即可。

各个时期的追肥思路如下。

①6~7 月的追肥，正值坐果开始时的果实生长发育期。因为下段的果实易长大，也容易着色不良，树势强的树就要避免追肥。相反，树势弱的树在这个时期如果缺了肥，中段（第 8~10 节）就形成空节和变形果，所以必须追肥。

② 8 月的追肥，因为对收获期后半期的果实膨大有影响，即使对树势较强的树也追肥，但是在高温少雨的时期，肥效易被降水量和浇水左右。如果判断果实的着色变差等，或是肥效过大时就要控制追肥量，或者是施用不含氮的肥料（硫酸钾），1000 米^{2}施 10 千克左右。

无花果对钾的全年吸收量仅次于钙，比氮多。所以不能缺了钾。

③ 9 月的追肥，作为礼肥可起到很大的作用，是为了促进叶片的光合作用，蓄积第 2 年所需的养分而进行的。

④ 10 月的追肥也出于同样的想法，但是如果追肥多了，就会造成落叶推迟、副梢伸展，也易受冻害。所以有这样危险的地区和幼树就要避免追肥。

◎ 蓬莱柿的追肥

（1）以不能施得过量为原则　蓬莱柿比玛斯义·陶芬的树势强，氮过多，新梢的伸展就推迟，易造成果实膨大不足、成熟期推迟、着色不良、糖度下降等果实品质降低的问题。新梢最好在 7 月下旬停止伸长，施肥时要考虑周全，不能施得过多是关键。如果是水田转换园，栽植 5 年内即使是不施肥对树的生长发育也没有影响。

因为无花果是浅根性植物，施用速效性的肥料，施肥后立即浇水，肥料成分迅速被树吸收，很容易就表现出肥效。因此，根据新梢的伸长、果实的坐果和膨大等生长发育状况追肥就足以应对了。在福冈县，追肥的标准为 7 月上旬施全年氮肥施用量的 10%，但幼树期多数情况下完全没有必要追肥。

（2）成园后根据树势适时追肥　成园后，随着树龄的推移，树势也逐渐稳定，产量连年稳定上升时，如果氮肥不足就会发生新梢伸长不足和不坐果的情况。另外，8 月下旬 ~9 月上旬的收获盛期之后，果实急剧地变小也是缺肥导致的。成园后和幼树一样，根据树势追肥，在施基肥的基础上进行适当追肥，7 月上旬施膨果肥，10 月上旬施礼肥。

（粟村光男）

5　湿害、排水对策

无花果对排水不良的耐性特别差，梅雨期的湿害会造成树势衰弱，严重的还会引起落叶和落果。另外，收获期的降雨易使排水不良的果园的果实糖度降低，之后糖度的恢复也很慢。

实际上发生湿害是在梅雨期以后，到处有积水是排水不良的标志。在开园时和休眠期，虽然想着迅速地把水从果园内排出去，但是由于后续的作业踩踏等使土面又下沉，容易形成积水。与周围相比，水难以排出去的地方发生湿害的危险性就高。应再清理一下沟底，使水能迅速地顺着排水沟流出去。

另外，在水田转换园，最上层的场圃从大田向水田放水时，如果漏水了，就会发生湿害（图3-21）。对于这种情况，可在果园周围修明渠等，防止水渗至有根的场所。

图3-21　有的地块因相邻的水田漏水而造成湿害

6 用稻草覆盖地面

无花果的根扎得很浅，干旱时在浇水的同时要在地面上铺稻草以防止干旱。铺稻草除能防止杂草生长外，还可防范因降雨造成的疫病病菌等从地面向植株上飞溅而传染病害。另外，稻草作为有机质也有改善土壤物理性的效果。

铺稻草的量为平均1000米^{2}铺设1.5~2吨（1500~2000米^{2}水田收获后的稻草量）。铺的时期是在4月下旬~5月上旬。如果为了防止杂草生长而过早铺上，就会影响地温的升高，无花果的生长发育就会推迟；还因切断了来自地表的辐射热，增加了遭受冻害的危险性。特别是遭受冻害危险性高的地域，在5月初以后铺稻草即可。4月可用除草剂除草。

如果稻草的摆放方向和垄的方向平行，就容易下滑，所以铺稻草时要使稻秆的方向和垄的方向垂直（图3-22）。

图3-22　地表管理就是用稻草进行地面覆盖
4~5月，1000米^{2}铺1.5~2吨稻草，摆放的方向与垄的方向垂直

（真野隆司）

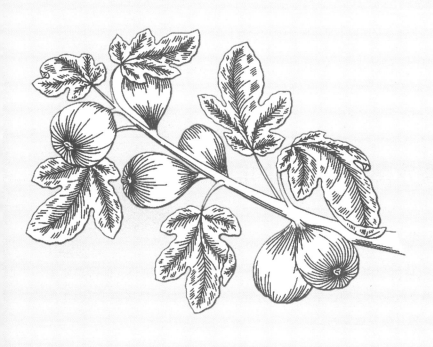

第 4 章

成熟期的管理

1 以成为浇水高手为努力的目标

◎ 主要的浇水方式

由于无花果比其他果树的根浅，耐旱性弱，所以浇水对于维持树势、促进果实膨大是很重要的，特别是在收获前 2 周，果实急剧膨大，一直蓄积糖分到成熟（表 4-1），所以这个时期的浇水管理是极其重要的。

表 4-1　伴随着无花果第 3 节果实成熟而出现的变化（矢羽田等，1997 年）

品种	生长发育阶段	调查时间（月/日）	单果重/克	果实横径/毫米	糖含量/（克/100 克鲜重）	
					小果	果托
玛斯义·陶芬	坐果后 70 天	8/1	38.1	46.6	3.17	5.14
	收获日	8/14	138.9	67.7	11.64	9.22
蓬莱柿	坐果后 70 天	8/8	33.4	45.9	3.99	6.06
	收获日	8/14	129.9	68.7	16.3	13.71

（粟村光男）

需要的浇水量根据浇水方式、园地条件和天气情况等的不同而有较大差异。浇水方式有管道浇水（喷灌）、滴灌、垄间浇水等。各种浇水方式的优缺点如下。另外，浇水设施的设置要在栽植之前就完成。

（1）管道浇水（喷灌）　在聚氯乙烯塑料管上安装喷嘴，顺垄设置在垄的中央进行浇水（图 4-1）。

①优点：用比较少的水量就可达到浇

图 4-1　在聚氯乙烯塑料管上安装喷嘴的管道浇水

水的效果。垄间也不泥泞，作业效率大大提高。水飞散能扩展到较宽的范围，生产者用肉眼也能确认地表的湿润情况。虽然根据喷嘴的大小也有差异，但一般不挑水质。还可以利用定时自动开关自动浇水。

②缺点：设置时需要一定的费用（平均 1000 米 ^{2} 需 15 万 ~20 万日元，1 万日元 ≈ 480 元人民币）和功夫。如果不能确保水压，易出现管道的前端和末端喷水不均匀的情况。喷水型的还会造成水从地表蒸发浪费。

（2）滴灌　用在各垄的中央设置 1 列或隔一定间隔设置 2 列开有小孔的塑料软管或塑料硬管的浇水方式（图 4-2）。近年来，根据用途不同，有各种各样的产品流通。

①优点：能以最少的水量取得好的浇水效果，垄间一点也不泥泞，对作业效率不会造成影响。浇水很均匀，使以毫米为单位的计划性浇水和自动浇水成为可能（图 4-3）。

图 4-2　用带孔的塑料软管浇水

②缺点：设置需要一定的费用（平均 1000 米 ^{2} 需 30 万日元）和功夫。因为出水口容易堵塞，所以水质差的情况下必须安装过滤器并进行维护等。浇的水在土中扩展，因为在地表难以确认浇水状况，生产者总认为浇水不足。

（3）垄间浇水　用和从水道向水稻田引水相同的方法向果园内浇水，需要几小时积水的方法（图 4-4）。

图 4-3　浇水用的过滤器（中央）和自动控制开关（右）

图 4-4　垄间浇水
方法最简单，需要的费用很低，能利用原有的水利设施

①优点：方法最简单，需要的费用很低，能利用原有的水利设施。

②缺点：水的损耗很大，浇水量也不好调整。垄间泥泞，以后的作业很不方便。长时间淹水时还容易发生湿害。很容易浇水过量，造成果实着色不良、糖度降低、助长裂果的弊端。

除此之外，蓬莱柿平架栽培时也能利用喷灌的方式浇水。

◎ 浇水方式的选择

采用哪种浇水方式好呢？这要看水源和水质等现场的条件后再决定（图 4-5）。

①是否能确保水源，或者能否使用水泵。

②是否可能利用农业用水，能不能确保水压（1~2 千克 / 厘米 ^{2}，即 98~196 千帕）。

③水质怎么样？除自来水以外，一般必须用圆盘形的过滤网。

④滴灌的种类选择。

a. 塑料硬管滴灌。必须有 2 千克 / 厘米 ^{2}（约 196 千帕）的工作压力，水压不高是不能用的。为了确保一定的水压，最好能避开白天向水田浇水的时间段，用定时开关把浇水时间设定在夜间。根据塑料管的种类不同，有的可埋在地下（图 4-6）。

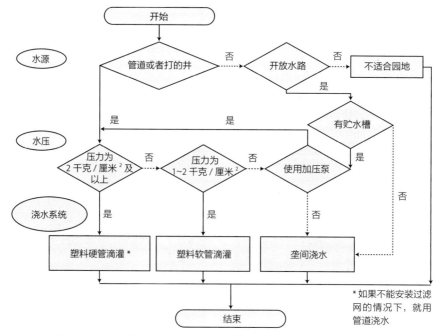

图 4-5　无花果浇水系统选择指南（以水田转换园为例）

b. 塑料软管滴灌。在水压作用下能鼓起来呈管状（图 4-7），即使是较低的压力（1~2 千克/厘米²）也能使用，但是由于受热和老化，浇水管的耐久性稍差一点。

另外，为了确保稳定的供水，对过滤器等需要每 10~15 天进行 1 次彻底的清扫保养。

图 4-6　半埋在地下的滴灌塑料硬管

图 4-7　因水压鼓起来的滴灌塑料软管

◎ 浇水时期和浇水量

（1）土干即浇　在根开始萌动的 3 月以后就要做好浇水准备。从这个时期到初入梅雨期为止，如果 1 周不怎么下雨、干旱持续的情况下就要浇水，使果树生长发育整齐。

到了温度高起来的梅雨期，如果持续 2~4 天晴天就开始浇水。一旦土壤干了，连续降雨引起湿害，会使本来就扎得浅的无花果的细根立即衰弱。浇水和是否出梅没有关系。认真观察果园的干旱情况和果树的状态，结合土壤干旱的程度，在叶角下垂之前就要及早浇水。以后，如果进入酷暑 1 周以上还一点雨也没下，可采用垄间浇水的方式，为了使水能达到根的位置，也可用舀子等浇水，尽量在短时间内浇完。

（2）应避免在收获期集中大量浇水　在收获期进行浇水对果实的品质影响很大。特别应避免的是间隔好多天进行 1 次大量浇水，这样做很容易导致裂果和糖度降低。浇水的间隔稍微短一点，认为可能有点干旱时，就可以浇需要的量（表 4-2）。另外，随着秋季气温下降，浇水量也要减少。

（3）浇水的标准　需要的浇水量，盛夏的标准换算成雨量为 1 天 3 毫米左右。按照间隔 3 天浇水 1 次计算，则每次为 8~10 毫米。

不同时期的浇水量和间隔时间的标准见表 4-2。参考表中的数据，再根据各果园的生长发育状况，调整浇水量和浇水次数。如果在浇水管上安装流量计，就能准确掌握浇水量（图 4-8）。

表 4-2　浇水的标准

时期	晴天时的间隔时间	浇水量 / 毫米	加减情况
3~4 月	7 天	5	逐渐增加
5~6 月	5~7 天	8	⇓
7~8 月（一直到收获前）	2~3 天	6~9	
收获期的前半段	3~4 天	8~10	逐渐减少
收获期的后半段	5~7 天	8	⇩

　　一般在土层深、树势强的果园，总体上浇水要稍加控制，如果是树势弱的果园，因为根扎得较浅，对干旱的耐受性差，所以要增加浇水次数，浇水量也要多一些。但在湿害引起生长发育不良的情况下，如果不改善作为根源的排水不良，反而会助长生长发育不良。

（真野隆司）

图 4-8　使用流量计能更准确地掌握浇水量

2　乙烯利处理促进成熟期提前

◎ 古希腊时代就采用的油处理

　　众所周知，在无花果果实的尖端抹上植物油，就能提早 7 ~ 10 天成熟，用在栽培中就是有名的"油处理"（油处理法），据说公元前 3 世纪古希腊时代就开始运用这种方法了。

　　无花果的果实用油处理后能快速地成熟，是因为含有的脂肪酸作用于果实的细胞，产生促进成熟的乙烯。以前使用植物油，现在则使用和植物油有同样效果的生长发育调节剂乙烯利。乙烯利也和植物油一样能促使乙烯发生，有使果实提早成熟的效果。与油处理比起来，用乙烯利处理更简单，果实上也不会留下油斑。

◎ 处理时机是在自然成熟前 15 天

乙烯利处理不要错过了时机是很重要的。无花果坐果后膨大会暂且停滞，然后再次急速膨大，经过这一过程后才成熟，但是自然成熟前 15 天是最佳处理时机。对于玛斯义·陶芬，是在果皮的绿色稍带有黄色、果顶部的果孔从桃色变成红色时。虽然语言说明很难理解，但是处理次数多了，从外观就能判断。

如果用乙烯利处理过早，果实不膨大就上色了。如果刚处理后就下雨，处理效果就降低了，所以需要认真察看天气预报，注意掌握处理时机。

◎ 用手持喷雾瓶喷雾 500~1000 倍液

乙烯利处理时，把乙烯利溶于 500~1000 倍的水中，用手持喷雾瓶等喷果实的尖端部，喷到果面湿润的程度（图 4-9）。经过 2 天后就能感觉到果实的膨大，如果是夏季，6 天左右就能成熟，比自然状态提早 7~10 天成熟。无花果的这个特性，不仅能使成熟提前，而且调整处理日期，几乎能在想收获的日期进行收获。

在 1 根新梢（结果枝）上通常 1 次处理 1 个果实，但是如果幼果达到处理适期，即使是同时处理 3 个果实也没有问题（图 4-10）。1 次处理最多的数量必须考虑到 1 次集中收获时需要的劳动力。

图 4-9　处理时机是自然成熟前 15 天（细见　供图）
用乙烯利喷雾处理使果面达湿润的程度，比通常可提早成熟 7~10 天

图 4-10　乙烯利处理的效果（细见　供图）
从左到右依次为未处理、处理 1 个果实、处理 3 个果实。即使是同时处理 3 个果实也没有问题

（细见彰洋）

从失败的案例中吸取教训，学习乙烯利处理

用乙烯利进行处理时，果实经过 6~7 天就能成熟，能提早 7~10 天收获。它是调节上市时间的方便药剂，并且只向果实上少量喷雾就可完成，所以极其简单。但是，也有一些处理要点。

首先，成为问题的是提早着色。不合适的是，里面没有成长的果实也会在 6~7 天内着色并成熟。这样的果实里面发白，空隙很多，也没有味道。在有些产地，因为发现乙烯利过早处理会造成劣质果增多，就自主限制了乙烯利的使用。

如前所述，处于处理适期的果实，绿色稍微褪去，果孔的红色部分颜色变深并鼓起来。为了练习眼力，可以切开几个确认一下发育程度。处于处理适期的果实，内部红色部分颜色较深，与周围界线明显；内部生长还不充分的果实的界线模糊不清，颜色很浅（图 4-11）。

图 4-11 乙烯利处理时期的早晚
左边和中间的果实在处理适期范围，但是右边这个还差 2~3 天

另外，无花果对乙烯利的敏感性很强，催熟梨时必须喷洒全株，但是无花果即使是只在果实上滴上几滴就有效果。而且因为渗透内吸性很高，如果处于处理适期的果实很多，过度使用乙烯利对这株树上其他的果实也有影响，最多也就是处理一半左右（树的一侧）的结果枝。

（真野隆司）

3 灵活运用白色垫覆盖地面

无花果的果实很软，贮藏性差。因此，在收获期如果连续降雨，裂果、腐烂果、着色不良、糖度不足等导致品质降低的问题就很明显。在这种情况下备受关注的是"透湿性的白色垫"的利用。把这种白色垫铺在树冠下的地面上，在控制土壤水分蒸发的同时还可改善光照环境，也能够大幅度提高果实的品质。

◎ 基本的使用方法

白色垫是用无纺布制成的，可以防止水分从地表蒸发，而且降雨等渗不到土壤中去，还具有很好的反光性。一字形整枝的情况下，每行用幅宽为 1 米的 2 片，以把树夹在中间的方式覆盖地面（图 4-12），然后固定住。

图 4-12　在地面上铺白色垫能大幅度提高果实的品质

铺设开始的时期为 6 月中旬 ~7 月下旬，要提前除草和除去铺的稻草等。因为 10% 左右的光能透过白色垫，所以杂草可能不会枯死。另外，因为在引缚和防鸟用的支柱多的果园难以铺设，所以还要研究一下铺后再进行支柱配置的方法。收获结束后就把铺的垫子撤掉。

另外，在试验时我们使用的是特卫强（700AG），销售无纺布覆盖物的各个厂家就有各种各样的垫子销售（表 4-3）。

表 4-3　日本主要的白色垫商品名和销售商（截至 2015 年 4 月 15 日）

商品名	销售商
特卫强	丸和生物化学有限公司
TS 提质垫	谷口产业有限公司
御水垫[①]	库拉来库拉夫来克斯有限公司
白王垫	柴田屋加工纸有限公司

[①]　垫子的颜色不是白色的，而是接近灰色。

◎ 效果很明显

由于地面覆盖这种白色垫，果实着色变深、糖度显著地提高（图 4-13、表 4-4）。特别是多雨的年份，即使是在收获期开始覆盖，效果也很好（表 4-5）。会导致腐烂果的果孔开裂也变小了，天气不好时收获的果实的腐烂也减轻了（表 4-6）。

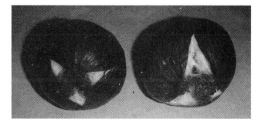

图 4-13　地面覆盖白色垫的果实着色深，果孔的裂口小
左面的是覆盖的，右面的是未覆盖的

表 4-4　覆盖白色垫对果实品质的影响（2000 年）

试验区	果重 / 克	果孔裂开长度 / 毫米	果孔裂开宽度 / 毫米	着色[2]（色卡表值）	糖度（%）
铺白色垫	87.4	7.7	4.5	7.6	17.4
未覆盖	92.1	10.5	5.2	7.1	16.0
差异显著性[1]	N.S.	*	N.S.	**	**

注：1. 覆盖时间：7 月 5 日~11 月 10 日。
　　2. 各个小区供试 4 株，每株随机选取 1 根结果枝，8 月 10 日~11 月 10 日调查这根结果枝上的每个果实。
① 差异显著性：** 为 1% 水平的差异；* 为 5% 水平的差异；N.S. 为无显著差异。后同。
② 根据日本农林水产省果树试验中心的色卡表（无花果果实用）估算。后同。

表 4-5　覆盖白色垫对多雨期果实品质的影响（2003 年）

试验区	果重 / 克	果孔裂开长度 / 毫米	果孔裂开宽度 / 毫米	着色（色卡表值）	糖度（%）
铺白色垫	110.4	18.4	10.8	7.8	15.5
未覆盖	138.0	32.4	19.8	6.1	14.1
差异显著性	*	*	*	**	*

注：1. 覆盖时间：8 月 2 日~11 月 10 日。
　　2. 各个小区供试 4 株，8 月 25~31 日对收获的每个果实进行全面调查，调查期间的降雨量为 63 毫米。

表 4-6　覆盖白色垫对无花果果实贮藏期的影响

试验区	正常果（%）	腐烂果	
		果孔变色（%）	果汁漏出（%）
铺白色垫	63.2	31.6	5.1
未覆盖	13.3	53.3	33.3
差异显著性	**	**	**

注：2004 年 9 月 5 日（前一天降雨 9 毫米，当天降雨 7 毫米），将收获的 30 个果实放在室内（平均 27.8℃）1 天后调查。

另外，蓟马危害也有所减轻，特别是 6 月覆盖的效果最好（表 4-7）。这可能是由于反射光阻碍了蓟马飞行的效果。

表 4-7　白色垫覆盖开始时间对蓟马危害的影响（2004 年）

试验区（覆盖开始时间）	被蓟马危害的果实数量[1]（%）
6 月 18 日	1.8 a
7 月 20 日	7.6 b
8 月 12 日	24.0 c
未覆盖	19.2 c

① 不同字母表示 5% 水平的差异（Tukey 检测）。

通过以上措施能提高果实的品质，减少腐烂果的数量，减轻蓟马的危害等，虽然每1000 米²需 12 万日元的材料费，但是可以取得更高的经济效益。特别是多雨的年份，经济效益更好。

无花果使用白色垫覆盖栽培的效果比用于柑橘等其他果树的还好（图 4-14），可以说对不耐雨、贮藏性差的无花果发挥了其最大的特点。但是，要想巧妙地灵活运用，还要留意其他随时可能发生的问题。

图 4-14　使用白色垫的效果

◎ 灵活运用的实践

（1）**在树势强的果园使用**　白色垫覆盖，多在树势强、果实着色差和糖度低的果实品质有问题的果园使用。在重茬地等树势弱的果园不适用。因为这样的果园使用后更助长了树势的衰弱。如同第 69 页的图 4-23 那样，有些情况下也会出现果实萎缩、变形、果孔位置明显偏移等的变形果。变形果的产生很可能与水分胁迫有关。

（2）浇水采用塑料软管或者滴灌的方式　使用这种栽培方法时，白色垫覆盖的根圈土壤经常处于干旱状态，并且采用通常的垄间浇水，水渗透不到根圈内。因此，为确保干旱时能以覆盖白色垫的状态浇水，需要用能控制浇水量的塑料软管或者滴灌等设备。

只是，如果浇水量太多，会致使果实裂果和糖度降低，不仅完全失去了覆盖的意义，而且极端情况下还会引起湿害。

（3）覆盖白色垫要在6月以后　白色垫利用其反射光达到对蓟马的忌避效果，所以这种忌避效果会因当年的日照和天气情况不同而发生变化。蓟马防治还是要以药剂喷洒为主，利用白色垫防治只是作为补充。

另外，覆盖白色垫后地温明显降低。如果为了提高对蓟马的忌避效果，过早地覆盖，反而可能会影响生长发育使成熟期推迟。覆盖的时期要到6月以后。

（4）收获判断不看果色，而是看果实的柔软度　覆盖白色垫的果园的收获适期，以适熟果实的"柔软度"来判断是特别重要的。如果凭借以前的着色标准来判断收获适期，因为着色很好的果实很硬且未成熟，就会收获劣质果，也就失去了覆盖白色垫的意义。这是农户实际使用白色垫覆盖时出现的问题。

（5）白色垫的使用年限　与柑橘等相比，因为用于无花果时踏入的次数多，白色垫容易变脏，一般白色垫的使用年限为2年左右。垫子脏了就有可能致使反射光对蓟马的忌避效果和收获初期（下位节）果实着色的效果变差。另外，和其他的垫子一样，因为有时会因大风而破损，所以要设置好防风设施。

◎　其他的注意点

（1）追肥用缓效性肥料或用表面有涂层的颗粒肥料　休眠期的基肥施用和土壤改良按惯例进行即可，但是白色垫覆盖期间不能追肥。追肥时施用缓效性肥料或者表面有涂层的颗粒肥料，氮肥量按惯例施用即可。施肥的改善还是今后继续研究的课题。

（2）作业时必须戴墨镜　覆盖白色垫的果园从地面向上的反射光相当强，刚覆盖之后，在新梢还很短的晴天，果园内的光线非常刺眼。并不是夸张，必须戴墨镜和采取防日灼对策。

4 收获和销售

◎ 为确保品质必须有直射光

（1）**要生成花色素必须有光**　对无花果的品质评价中，最重要的就是着色。果皮的着色越好，明显地果实的糖度就越高，口感也越好，在市场上也就能卖出高价。

无花果的红紫色与花色素有关。花色素生成的适温为 15~20℃，10℃以下、30℃以上时花色素生成就被抑制。这正是收获初期果实着色变差的一个原因。但栽培上的问题实际上只有光照这一个条件。

只有光直接照到果实上才能生成更多的花色素。收获初期的果实是在结果枝的下段坐果，如果果结果枝遮阴就易导致着色不良。要想提高着色效果，就要增加对果实和果实附近叶片的光照以促进光合作用。但是，如果树势太强，果实上面的叶面积大、枝数多、过于繁茂，光就照不到果实上，就会造成着色不良。而且制造的糖由于要维持这些枝叶而被消耗掉，果实的糖度当然也会降低。

包括疏芽、摘心、引缚、施肥等，在本书中讲述的管理根本在于"无论如何要使果实得到充足的光照"，这是无花果栽培的原点。在有疑问时要立即想到这个基本原则。

（2）**不要过度摘叶**　虽说增加光照是很重要的，但是在收获前为了增加光照而把果实附近的叶片摘去这一做法也是不可取的。摘掉 1 片叶还可以，如果是摘掉几片叶，不仅会使树体内的贮藏养分减少，导致不抗冻害，而且还会影响第 2 年的坐果等。

（真野隆司）

◎ 在树上提高糖度，果实的温度要尽量低

（1）**无花果没有后熟**　无花果在果实成熟的后期快速地蓄积糖分，糖度以每天 1%~2% 的速度增加（图 4-15）。但是，收获后无论未熟还是完熟（图 4-15 的适期 1~3），果实内的糖分都没有增加，反而会稍微地减少（图 4-16）。另外，果皮的着色在收获后也没有进展。总之，无花果的果实没有后熟。因此，要想销售高品质的无花果果实，要尽可能地使之在树上成熟。

（2）**建议在早晨收获**　无花果果实中的糖几乎全部是果糖和葡萄糖，收获后糖的组

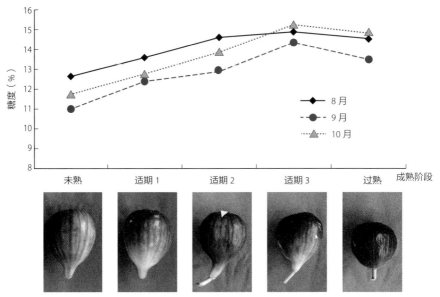

图 4-15 不同收获时期和不同成熟阶段对糖度的影响（小河 供图）

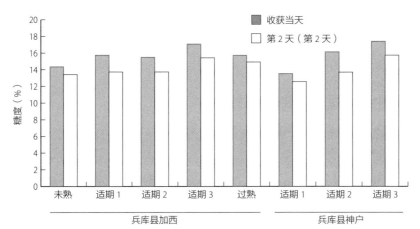

图 4-16 各收获阶段 收获当天和第 2 天的糖度
无论在哪个成熟阶段收获，第 2 天糖度都会减少（小河，2009 年）

成也没有变化。早晨收获的产地和下午收获的产地间的糖度没有明显差别，口感也没有明显差异。

　　只是，无花果果实的温度上升，呼吸量就会上升。在高温期，收获后 1 天糖度就减少 0.5%~1%。因此，收获最好在果实温度低的早晨进行，下午收获的情况下注意尽量进行预冷，或是放在保冷库里使果实在低温下贮藏等，使贮藏期尽量延长。

（小河拓也）

◎　成熟度的判定

无花果的适熟期极短，1 天的差别就可分为未熟和过熟（图 4-15 的适期 3 和过熟）。未熟果稍硬，贮藏性虽好但甜味淡、口感差。稍放一段时间就会变软，但不像甜瓜和洋梨那样能后熟使品质变好。过熟的果实较软、糖度高、口感好，但是贮藏性变差，易腐烂。

（1）**不能被着色迷惑**　收获适期的判定依靠果实的柔软度。虽然只需要轻轻地用手掌触摸果实进行判断，但是需要一点经验。果实未熟时感觉到很硬、轻盈，越成熟的果实越向下倾斜，感觉也更沉重。或许是由于水分增加了，还有稍凉的感觉。

着色可作为判断将近成熟的果实的标准，但是作为收获最终判断依据是靠不住的。尽管是同样的成熟度，但是由于条件不同，着色也会微妙地发生变化。8 月，位于下段的果实，以及由于多雨而日照持续不足的果实，尽管颜色很浅，但是成熟度却进展得较快；相反，到了 10 月，位于上段的果实尽管着色很好，也未成熟。所以不能被着色迷惑。可以参照色卡表（见封底）对无花果的着色度进行分类。

（2）**根据出货地的不同，改变收获时的成熟度**　收获的判断标准，也就是柔软度，也会根据是向远距离的大消费地发货，还是向当地市场发货而有所变化。前者虽然对输送性（果实硬度）有一定程度的要求，后者则要求较熟状态。如果是在直销店等销售，比向市场发货的更为完熟的果实会受到更高的评价。

在收获时要充分考虑各部分的出货状况和买方那边的情况来调整成熟度。买方是要求"味道、完熟"呢，还是要求有"一定的货架贮藏期"呢？必须认真研究。另外，作为产地也根据维持预冷、保冷设施等情况而调整成熟度。

◎　收获的实际操作

收获无花果时，用手指捏住果实的基部（果梗），由下向上握着摘取（图 4-17）。如果硬拽，无花果的果皮可能会被剥开，也可能因果梗和果实的基部被拽断而伤害。另外，收获时一定要戴上手套。无花果的乳汁含有强力的蛋白质分解酶（无花果蛋白酶），乳汁附着会导致皮肤和指甲被腐蚀。手以外的部分沾到乳汁，

戴上医用手套等，避免皮肤裸露

图 4-17　无花果的收获方法（木谷　供图）
由下向上握着摘取

也会引发炎症，还会形成斑痕，所以收获时应尽量避免皮肤的露出。

近年来，医用手套等一次性橡胶手套很容易买到。戴上这种手套，做细致的作业和用手触摸无花果的果皮也能轻易摸清无花果的成熟度。戴上这样的手套，使乳汁不要沾到皮肤上，收获时穿的衣服也要认真洗涤。

小心地处理收获的果实，将它们轻轻地摆放在铺有海绵等缓冲材料的收获箱（如泡沫塑料箱）里。如果重叠或摆放的角度不对就会导致果皮被剥下来或被挤伤、果梗戳到其他的果实形成孔洞等问题。另外，在收获中发现树上有腐烂果，要摘下来放在另外的塑料桶中带出田外扔掉。

在收获时用独轮车或运菜用的四轮车等，收获效率更高。

专栏

无花果的乳汁

在接触无花果的收获和摘心等作业中，要注意从果实和新梢尖端流出的乳汁。在进行这些作业时，就必须戴上橡胶或塑料手套。如果有少量乳汁附着到皮肤上，哪怕是少量也要立即擦去，之后用清水清洗。有时没注意乳汁飞溅到皮肤上，后来感觉到有痛痒才发觉，不过这时皮肤已被腐蚀，引起皮肤炎症。因为留下的痕迹就像老人斑一样，不好治愈，所以要注意尽量不要露出皮肤。

吃无花果后嘴周围变得粗糙也是因为乳汁。但这种乳汁可帮助肉类的消化。作为饭后水果也最合适。"吃牛排和烤肉之后最好配上无花果"，用这样引人注意的词句大力宣传以扩大消费，不是正合适吗？

（真野隆司）

◎ 装盒和销售

对收获的果实，要在通风好并且凉爽的屋里进行选果，因为被雨或露水打湿了的果实容易腐烂，所以尽量摊开晾干。

经过选果的果实结合各产地的销售规格（表4-8、表4-9），按成熟度、色泽等进行分类，将同一规格的细致地摆放到塑料盒里。注意，如果果梗留得太长，就会戳到其他的果实，所以要再剪短一些。

表 4-8　无花果的标准销售品级的实例（兵库县，品种：玛斯义·陶芬）

项目	品级		
	秀	优	良
形状、着色	具备品种的特性、着色很好	具备品种的特性	同左
裂果	不能有裂果	轻微裂果	裂果不明显
伤害	不能有伤害，即使多少有点摩擦伤也不明显	不能有伤害，即使多少有点摩擦伤也是轻微的	轻微的
成熟度	没有未成熟的	同左	略微未成熟

表 4-9　无花果的标准销售等级的实例（兵库县，品种：玛斯义·陶芬）

等级	果重 / 克	1 箱的数量 / 个	1 盒的数量 / 个
3L	>150	24	4
2L	120~150	30	5
L	80~120	36	6
M	60~80	42	7
S	50~60	48~54	8~9

注：不允许混入不同品种的果实、不同等级的果实、腐烂变质的果实、有病虫害的果实、过熟的果实。

　　无花果在 8~9 月的炎热时期就迎来了收获盛期，因为在出货之前每天的作业时间也是有限的，所以就要对工作的场所及时进行整理整顿，以提高工作效率，配置齐全各种必需的物品，使作业更加流畅。

　　对于出售使用的包装，玛斯义·陶芬通常使用 300~500 克装的包装盒，4~6 盒装 1 箱出售。但是，近年来，结合家庭人口变少的趋势，用 200 克左右小包装盒的也逐渐多了起来（图 4-18）。

图 4-18　1 盒装 2 个（直销店）和单个盒装（便利店）的无花果

（真野隆司）

◎ 预冷和贮藏

　　与其他的果实类水果相比，无花果的贮藏性、运输性差，完熟果实能保持品质的时间在常温下也就是 1 天左右。为此，为了长距离运输，就要采用预冷、低温贮藏等保鲜技术。

对无花果进行预冷、低温贮藏的效果如下：

① 可防止腐烂果的发生，显著地延长贮藏时间。

② 能出售成熟度好、口感好的果实。

③ 通过低温贮藏可有计划地出货，防止因天气情况和市场运营情况造成的出货量变动。

预冷的方法有强制通风法和差压通风法。强制通风比差压通风作业轻松，但是冷却速度慢。在冷却的时间上，一般强制通风需 10 分钟，差压通风仅用 1/3 的时间，即 3~4 分钟就能完成。无花果适用于稍快一点的差压通风。

贮藏果实的温度以 5℃ 为设定标准。库内温度设定在 0℃ 附近冷得快，但冷气出口处比库内的温度要低 2~3℃，如果库内温度降得太低了，冷气出口附近的果实就有被冻伤的危险。建议库内温度设定到 3℃ 左右。

利用预冷、低温贮藏时的注意点如下：

① 因为没有出货休息的时间，所以要适熟收获。

② 因为出货集中在周末后的周一，所以要避开在周六集中收获的乙烯利处理，要注意在 1 周中尽量均等地出货。

预冷、低温贮藏需要大规模的设施，如果不是大产地就难以实施，但是如果想把产地规模做大，这就是值得利用的技术。

如果小的产地或个人没有准备冷藏库，就尽量地在早晨果实温度低的时间段收获。以"早晨收获的完熟果"作为营销要点的策略也值得认真研究。

（小河拓也）

◎ 选果时发现的问题果

（1）腐烂果（图 4-19） 出货休息日结束后的收获中，因为过熟果、腐烂果变多，所以要特别慎重地进行选果。选果要靠气味、眼看、触感等感观。

其中最需要注意的是天气不好时的腐烂果（黑霉病、酵母菌腐烂病）要认真确认果实是否有酸味，果孔处是否有裂纹和果实是否有呈

图 4-19 上市后产生的腐烂果（圆圈内的 2 个地方为黑霉病症状）

水浸状的部位。如果有果蝇，就要注意这附近的果实。果蝇能感知到人类感知不到的气味而从别处飞过来。这些能感知到黑霉病和酵母菌腐烂病的害虫，在这种时候就成为选果的晴雨表（标准）。

另外，在果实的腹部有斑点或水浸状的部位，就有可能是疫病。因为有时一夜之间就使箱中的果实全腐烂了，所以要注意。

（2）裂果　因为无花果在收获之前会快速膨大，所以成熟果的果孔裂开的较多。少许的裂纹（长 2 厘米、宽 1 厘米左右）虽然不影响食用，但是收获时如果连续降雨，裂口就会变大，裂口数也变多，也易从裂口处腐烂。

根据品种不同，裂果情况会有很大差别，玛斯义·陶芬裂果很少，蓬莱柿就很多。另外，梅雨期结束前后如果降大雨或浇水过量的情况下，有些未熟的果实也裂口。要注意通过改善排水和认真浇水，保持土壤水分的稳定适度。

现在，遮护栽培或遮雨栽培等各种各样的对策也在实施中。遮护栽培，就是把直径为 45 厘米的透明塑料板固定到结果枝上，在收获之前防止下雨淋到果实（图 4-20）；遮雨栽培则是在像大拱棚一样的骨架上面覆盖塑料薄膜进行的栽培（图 4-21）。

（3）异常成熟果　在收获初期成为问题的果实中，有异常成熟果。这种果实比普通的早熟，但是着色暗淡，果孔未开；从外观上看稍微有点凋萎，拿着也很轻，内部不充实。如果是重度的异常成熟果就容易在选果时被挑出来，但是轻度的就很难判断，

图 4-20　遮护栽培

把直径为 45 厘米的透明塑料板固定到结果枝上，避免下雨淋到果实

图 4-21　无花果的遮雨栽培

非常令人头痛（图 4-22）。

这种情况出现的原因可能是被蓟马危害和白熟果。

若被蓟马危害，切开时可看到有蓟马侵入、由于取食危害褐变严重，有的还生有霉层。从果实的果孔向里看，果实内部红色小果的尖端变黄时就可判定有蓟马危害。但不出现这种情况的也有很多，还不能作为最终的判断依据。

若为白熟果，果实内没有像蓟马危害那样的褐变，但本来应该是鲜红色的小花变成浅桃色，严重时内部呈海绵状并发白，果实很轻，味道也很淡。以前，梅雨期结束后突然高温、干旱的年份在收获初期下位节上大量地出现过白熟果。由此可判断是由于急剧地干旱而伤了根，树体发生应激反应而引起生理失调。

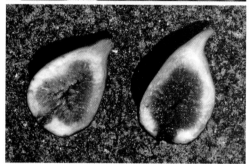

图 4-22　大量出现的异常成熟果（上图），下图左边是异常成熟果的断面、右边是正常果的

被蓟马危害的果实也好，白熟果也好，从外观上看都与乙烯利处理过早的果实相似。无花果对乙烯利的敏感性高，蓟马危害的果实由于蓟马的取食而受到伤害，白熟果是由于急剧地高温干旱引起根的应激反应，分别提高了果实和树体内的乙烯含量，可能引起了异常成熟。

在防治蓟马的同时，还要在梅雨期结束前后防止土壤急剧干旱。

（4）变形果（畸形果）　收获中期以后，在结果枝的中、上位节上易出现变形果。这种果实在果实生长第 1 期终了时（坐果后约 25 天）已经变形了，果实形状扁平，只有一侧膨大（图 4-23）。有些果实膨大不好，萎缩的部分硬化。另外，这些类型的变形果着生前后的节位落果也较多（特别是中位节），因此认为它和不坐果（空果节）的发生有密切的关系。

在贮藏养分稍有些不足、树势弱的树上经常出现变形果，养分转换期前后、在坐果后接着遇到持续的阴天时也容易出现，但是它的出现原因还有很多没有搞清楚的问题。

（5）扁平果　扁平果也是扁平状的，但膨大良好，在结果枝上段形成较多。它在兵库县叫"扁果"、在爱知县叫"丑八怪"（图 4-24）。这种果实被认为可能是摘心后养分向果实内集中的结果，品质并不特别差，但是有的地方会把它当作变形果并降低等级。

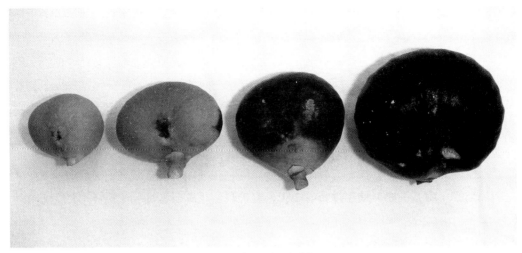

图 4-23　收获中期以后，中、上位节上发生的变形果（玛斯义·陶芬）
只有一侧膨大

另外，扁平果的果孔多数是张开的，切开有时会发现里面有蓟马。

虽然并不绝对，防止扁平果出现的对策是在摘心后对伸长的结果枝尖端的副梢不能切得过多。

（6）凹形果（头巾果）　在无花果的果皮上，有三角形酒窝状凹陷的斑点生成（图4-25）。如果斑点数量少是没有问题的，但是，有的生有多个这样的斑点并连起来形成像头巾一样的线条，把这种果实叫头巾果。

它们出现的原因和对策还没有彻底搞清楚，但是，推测有可能是果实形成初期果顶部的一部分鳞片生长发育异常而引起的。

图 4-24　玛斯义·陶芬的结果枝上段出现的扁形果
在兵库县叫"扁果"，在爱知县叫"丑八怪"

图 4-25　在果皮上生成的三角形酒窝状斑点的凹形果

（7）果肉褐变症（临时名称） 把收获初期的果实切开来看内部，会发现果肉（花托）的一部分褐变，有时会造成落果。这在树势强的幼树上发生的较多，在 7 月极端高温、干旱的情况下常见。考虑有可能是缺硼引起的，但具体原因还需验证。

（真野隆司）

◎ 蓬莱柿的收获和销售

蓬莱柿的果实着色，虽然与树体的养分条件、成熟期的温度及光照条件等有关，但是和玛斯义·陶芬一样，是在收获前 2 天急剧着色，受这时温度和光照条件的影响很大（表 4-10、图 4-26）。

表 4-10　蓬莱柿果皮颜色在即将收获之前的变化（野方等，2000 年）

生长发育阶段	着色比例（%）	果皮颜色（彩色色差计）			色素量 /（微克 / 厘米²）
		L* 值	a*值	b*值	
收获前 2 天	4	56.1	−5.4	32.9	24.9
收获前 1 天	38	49.4	4.5	24.5	52.7
收获当天	71	37.0	11.5	10.6	136.8

图 4-26　从左至右为收获前 2 天、收获前 1 天、收获当天的果实

成熟期的高温可抑制果皮色素中花色素的形成。特别是蓬莱柿比玛斯义·陶芬更易受高温的影响，所以 8~9 月的着色易变差。近年来，由于全球变暖的影响，这种趋势还在进一步加强。但是，要想抑制夏季的高温，实际上还是很困难的。因此，要想提高着色情况，就必须改善另一个条件，即光照环境。

在对玛斯义·陶芬进行新梢管理的同时，铺设反光膜等，但是，在蓬莱柿的平架栽培中，果园内的光照少，反光膜的效果难以发挥。相反，平架栽培的果实的受光状态均一，容易调整。因此，对于蓬莱柿，要在架面上留下适当的新梢根数，调整光照环境，从而提高着色效果。

另外，收获应在果实温度低的早晨进行，要注意在场圃内不要让收获的果实受到直射光的照射。在收获盛期，可在早晨、傍晚进行 2 次收获，注意收获适熟果和防止腐烂果的发生。特别是伴随着蓬莱柿成熟，果顶部易裂。果顶部裂口过大的果实口感虽好，但不耐贮藏和很难处理，所以裂果的市场价值低。因此，也要注意果顶部的裂口情况，千万不要摘晚了。

果园内的腐烂果和过熟果会招致很多果蝇，而果蝇会传播病原菌，导致酵母菌腐烂病、黑霉病等传播扩散，助长以后腐烂果的发生。一旦发现腐烂果和过熟果，就立即带到果园外进行彻底处理。

（粟村光男）

5　台风对策

台风发生的时期多和无花果的收获期重合，危害也很大。除了因刮大风而引起伤果、落果、落叶、树体损伤、倒伏、棚架的倒塌之外，还会因大雨造成腐烂果、疫病多发，有时可造成 1 周左右不能出售。后续也要注意炭疽病和锈病的高发。如果遇到暴雨，更要注意由于水淹而发生的湿害。

无花果园多是平地的水田转换园，有很多会被强风吹到。为了减轻危害，应提前设置防风网或防风墙。防风网、防风墙与通道风呈直角设置，高 3 米以上，如果可行，最好达到 4 米。防风效果达到的距离为防风墙高度的 5 倍左右。

检查并加固树的支柱。因为刚栽的树更容易倒伏，所以多设置一些加固的支柱并细致地进行引缚。对折断的、裂开的树要及早修补，用甲基硫菌灵膏剂等涂抹伤口处。

对于台风引发的大雨，平时就要认真检查排水通道，确保水顺畅地及时排出去。如果淹水了，要以各种手段尽快排涝。哪怕是只有几天积水，也会由于湿害而使叶片凋萎，沿叶脉发生褐变、脱落。

台风过后，要及时防治果实腐烂病（黑霉病、酵母菌腐烂病）、疫病、锈病等，还要防治可作为果实腐烂病媒介的果蝇。

（真野隆司）

有讨厌无花果的人，也有喜欢无花果的人

以前，在对"你喜欢的水果是什么，讨厌的水果是什么"进行问卷调查时，无花果曾经成为讨厌水果的第 1 名，让笔者受到了很大的打击。

讨厌的理由有：以前吃多了时嘴的周围会出现裂口，有疼痛感（是蛋白质分解酶的原因）；吃时发现果内有虫子；腐烂无花果的臭味一直留在记忆中……。但是，还是有很大的比例喜欢无花果的人，这又是为什么呢？

笔者所在的研究机构，虽然只在场内销售少量的无花果，但还是有不少人一定要买。而且如此频繁地购买难道不厌烦吗？去问这些喜欢无花果的人时，除了好吃这个理由以外，回答没有无花果吃就好像很寂寞，即所谓"上瘾的味道"的人也有很多（我认为无花果没有那么不可思议的功能性成分……）。

无花果受欢迎可能是因为，以前到处都有的庭院里种着无花果树，也许正是那些吃了无花果后上瘾的人们支持着无花果的发展。从以前就有这种现象，无花果的购买人群是年龄稍大的人们，年轻的人不怎么喜欢。要打破这种现状，让更多地年轻人也喜欢吃无花果，就要加强消费宣传，努力地使喜欢无花果的人群增加。

（真野隆司）

第 5 章

休眠期的管理

1 施肥和土壤改良

◎ 无花果施肥和土壤改良的原则

无花果的地上部和根的动向，大致如图 5-1 所示。考虑到这些，要做好全年的施肥和土壤改良，主要注意以下几点。

①到 3 月的休眠期时认真地进行土壤改良，促进春根的活动。

②用上一年度的贮藏养分，在 4 月以后的发芽期使之发出长势好的充实新梢。

③顺利地过渡到 5 月下旬~6 月上旬的养分转换期，前后不产生生长发育停滞和有快有慢的情况。

④平衡果实生长和成熟的同时，进行肥培管理。

⑤通过帮助秋根生长、促进光合作用等，增加贮藏养分，为下一年打好基础。

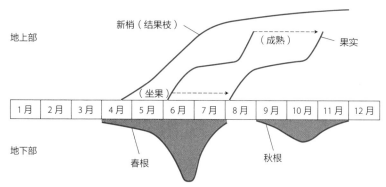

图 5-1　无花果树一年中地上部和根的动向（株本，在 1985 年的数据基础上略有改变）

◎ 树势的诊断和施肥

无花果树势的强弱，通过休眠期结果枝基部的粗细就能判断。玛斯义·陶芬一字形整枝的情况下，用游标卡尺测第 1 节和第 2 节的节间直径，以 20~25 毫米为基准，用再上一节上面的修剪切口的直径来判断，则为 18~22 毫米。如果比这个标准粗，就说明树势强，应控制施肥，特别是氮肥；相反，如果比这个标准细，就说明树势弱，品质虽好，但都是小果，产量也会减少，这时就应该考虑增肥。

◎ 施肥量和肥料成分

（1）各产地的标准施肥量　施肥量不但与土壤的性质、气候条件有关，而且还与上一年的生长发育和产量有关系。

对于玛斯义·陶芬成年树的施肥量，平均 1000 米^2 施氮肥 16 千克、磷肥 14 千克、钾肥 18 千克（兵库县，表 5-1），但是，黏质、保肥力好的土壤可比上述再少一点，沙质、肥料易流失的土壤可比上述再多一点。各产地可从多年的经验出发，进行与之相适应的施肥设计，因为即使是在同一县内施肥量也有很大的差异（表 5-2）。更进一步，要观察并比较自己果园的土壤和栽培条件，以及树的生长发育情况，适当地进行减肥和增肥。

表 5-1　兵库县玛斯义·陶芬不同树龄的施肥标准（株本，1985 年）　　　（单位：千克 /1000 米^2）

树龄	氮	磷	钾
1 年	4	2	2
2 年	6	3	4
3 年	8	6	8
4 年	12	10	12
5 年	14	12	16
6 年及以上	16	14	18

表 5-2　无花果的全年施肥量（真野，2008 年）　　　（单位：千克 /1000 米^2）

产地	氮	磷	钾
兵库县神户市	5~9	8~16	10~20
兵库县川西市	18.3	17.5	20

（2）观察树势，施肥设计以氮肥为主　施肥量以氮肥为主进行计算。对树势强的果园或树，干脆以标准施肥量减半施用。相反，树势弱的果园或树，基肥的量按原计划施用，通过增加追肥次数来进行应对（参见第 3 章第 46 页）。对于这种情况下的全年氮肥施用量，按追肥的次数来调整即可。只是，树势弱有的是由于排水不良或线虫对根的危害造成的，也有的是由于耕作层太薄或园内作业时被踩踏得太结实了而造成的，到底是哪种原因，就需要认真地研究。只通过增施肥料并不能解决全部的问题。

（3）无花果肥料的四要素　无花果肥料的特征是对钙的吸收量特别多（表5-3），是氮的1.5倍。通常把氮、磷、钾叫作肥料的三要素，但是，对于无花果而言需要把钙加上，所以说是四要素也不为过。实际上，无花果在中性其至弱碱性（上限可到pH为7.5）的土壤中生长发育更好。

表5-3　玛斯义·陶芬6年生树的全年无机成分吸收量（平井等，1957年）

部位	氮		磷		钾		钙		镁	
	含量/克	比例（%）	含量/克	比例（%）	含量/克	比例（%）	含量/克	比例（%）	含量/克	比例（%）
未熟果	0.16	0.25	0.03	0.16	0.10	0.13	0.13	0.13	0.04	0.19
成熟果	29.10	45.27	9.42	50.95	45.37	60.45	20.97	21.02	2.50	11.78
叶	18.44	28.69	2.75	14.87	13.34	17.77	51.10	51.22	10.29	48.49
1年生枝	4.46	6.94	1.40	7.57	2.82	3.76	5.73	5.74	1.77	8.34
2~5年生枝	5.95	9.26	1.77	9.57	4.51	6.01	11.92	11.95	2.43	11.45
树干	1.11	1.73	0.48	2.60	1.04	1.39	2.90	2.91	0.53	2.50
地上部合计	59.22	92.13	15.85	85.72	67.18	89.51	92.75	92.97	17.56	82.75
地下部合计	5.06	7.87	2.64	14.28	7.87	10.49	7.01	7.03	3.66	17.25
总计	64.28	100	18.49	100	75.05	100	99.76	100	21.22	100

对于钙肥，平均每年1000米^{2}施镁石灰或者以牡蛎壳为主要成分的有机石灰100~200千克。把全量钙肥作为基肥在12月~第2年1月一次施入，如果量多可分为2次，分别在11月和第2年3月施入。

另外，从施用石灰质肥料到施用基肥要间隔2~3周。如果是酸性土壤（pH在6.0以下），为了矫正酸度可施用钙镁磷肥，平均1000米^{2}施50~70千克。钙镁磷肥可以和其他的基肥同时施用。

（真野隆司）

◎ 基肥和有机肥的施用

在12月~第2年1月施用基肥。基肥的作用是增加土壤内的有机质以改善土壤，并使肥效持续时间长，这就要求施用以有机肥为主的肥料。

基肥的施用量：氮肥为全年施用量的50%，磷肥为100%，钾为30%。因为磷肥在生长发育的初期吸收得多，所以在这个时期应全量施用。

基肥的施用时期成为今后的研究方向

　　基肥的施用一般是在休眠期，实际上设想在 12 月前后施基肥的产地很多。本书遵循这种情况进行了记述。但是，因为近年来有人指出无花果的根在休眠期不怎么活动，所以即使是在这一时期施肥，肥料成分也流失到了根圈外，有的人就提出这是不是浪费了。加之无花果在低温时树体的活动比其他的落叶果树要迟缓，现在有些施肥晚的产地会在 2~3 月才施用基施。但是，为了使肥料发挥更大的功效，有必要进一步地探讨能否再晚一点施肥及能否再减少一些施用量的问题。

（真野隆司）

无花果的箱式液肥栽培

　　为了进行适合无花果生长发育的施肥，最好在需要的时期施用需要的量，利用箱式栽培就能逐渐地看到施肥量的标准。

　　对于无花果而言，用限制根域的箱式栽培也是可能的，可以通过液肥的施用方法来进行肥培管理。

　　具体来说，对于容积为 40 升、结果枝有 6 根的箱式栽培树，按图 5-2 所示的氮的施用量，每天施用液肥，不足的水分另外进行浇水补充。通过这样的管理，无花果树的生长发育良好，已证实能收获单果重 80 克左右的果实。液肥中应含氮、磷、钾，且氮的含量为 100~200 毫克 / 升。收获结束后也要每天施用100 毫克的氮，以确保第 2 年下位节的坐果良好。

　　对于氮以外的大量元素在不同时期的吸收特性，钾在坐果开始以后吸收量增加，果实的吸收比例高已被证明。以这些施肥技术为基础，今后开发出适合大田栽培无花果生长发育情况的施肥技术也是可能的。

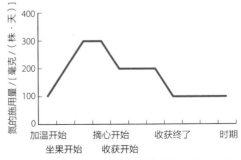

图 5-2　不同生长发育时期液肥中氮的施用量（鬼头）

（鬼头郁代）

另外，在有机质肥料中经常使用的油渣，因为它有速效性，所以最好在 2 月以后施用。它的成分以氮为主，要用化肥补充磷、钾。

鸡粪含氮量多且分解慢。如果施用量过多，肥效就会很慢，故应在 10～11 月前后施用。考虑到它的含氮量，应减少其他氮肥施用量。

除了作为基肥施用的有机质肥料，还可施用有机物。具体来说，包括在春季用作覆盖地面材料的稻草。铺的稻草在这个时期已经腐熟，再用完熟堆肥（平均 1000 米^2 施 1 吨）和这些腐熟的稻草配合，与从垄的沟底挖上来的土轻轻掺混后施入土中。为了改善在浅土层中集中的无花果根的生长环境，需每年都这样做。只是，堆肥中也含有氮，而且因为是迟效性的，如果施得过多，会使无花果树徒长和过于繁茂，出现果实着色不良、裂果而导致品质下降的现象。

◎ 土壤改良的方法

（1）**客土**　有效土层浅的果园和树势衰弱的果园，可用山土进行客土。

冬季，基肥施用后平均 1000 米^2 客土 10～20 吨，投至垄上，可持续 3 年左右。树林的表土等含有粗大有机物的山土，因为有传染白纹羽病等的危险所以要避免使用，应使用沙土等。

（2）**在土壤表面浅耕**　无花果栽培时，为了避免弄断根，平时不怎么进行中耕。但随着栽培时间的增加，垄被踩硬，土壤的物理性逐渐地恶化。另外，施用石灰也只是表层土壤的 pH 变高。因此，把树势衰弱的果园作为对象，在休眠期的 11 月下旬～第 2 年 2 月，以垄的肩部为中心进行深 10 厘米左右的耕耘（图 5-3），同时施用完熟堆肥（1000 米^2 用 2～3 吨）、腐熟的稻草（覆盖材料）及土壤改良材料（镁石灰和钙镁磷肥每 1000 米^2 用量分别为 100 千克和 40 千克左右），然后混入土壤。

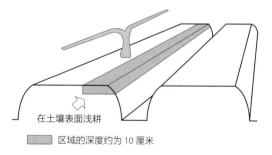

在土壤表面浅耕

　区域的深度约为 10 厘米

图 5-3　通过在土壤表面浅耕进行土壤改良

第 2 年再对垄的另一侧进行耕耘，如此将垄的两侧每 2 年交替 1 次进行耕耘，平均 1 株的断根量在 20% 左右。耕耘后，再次把垄下的土向上堆，恢复原来的高度。

另外，要注意避免伤到主干附近的粗根。如果不小心切断了粗根，就对开裂破碎的切断面用修剪专用的剪刀回剪。

（真野隆司）

2 蓬莱柿的施肥和土壤改良

蓬莱柿比玛斯义·陶芬的树势强，新梢伸展旺盛。特别是在幼树期，新梢易徒长，易发生果实的成熟期推迟、着色不良、糖度降低。相反，长成结果实的大树后如果施肥量不足，新梢伸长就会变得极差，有的不坐果，果实膨大也差。请参考施肥标准（表5-4），根据新梢伸长和果实的膨大情况来调整施肥量和施肥时期。

表 5-4　蓬莱柿的施肥标准（福冈县）

施肥时期	氮		磷		钾	
	施肥量 /（千克 / 1000 米²）	比例 （%）	施肥量 /（千克 / 1000 米²）	比例 （%）	施肥量 /（千克 / 1000 米²）	比例 （%）
基肥：1 月 ~2 月上旬	3.5	70	4.0	100	4.2	70
出芽肥：3 月上中旬	0.5	10			0.6	10
追肥：7 月上旬	0.5	10			0.6	10
礼肥：10 月下旬	0.5	10			0.6	10
合计	5.0	100	4.0	100	6.0	100

注：8 月下旬 ~9 月上旬的收获高峰后，在果实显著变小的情况下，将全年氮肥施用量的 10% 作为膨果肥在 9 月中旬施用。

另外，因为无花果在中性到弱碱性的土壤中生长发育好，所以要把土壤调至 pH 为6.0~6.8 作为目标，在基肥施用前 2~3 周施用镁石灰等来改良土壤。只是，如果过多地施用石灰质肥料，会使土壤 pH 过高，易发生微量元素缺乏。另外，树势弱或排水不良导致根难以伸展的情况下，每 1000 米² 可投入堆肥 2 吨左右进行土壤改良。

（粟村光男）

3 修剪

◎ 玛斯义·陶芬的修剪

（1）时期　修剪在落叶后的 12 月 ~ 第 2 年 2 月进行，如果是幼树和有冻害发生的情况下，最好是在过了严寒期的 2 月中下旬进行。但撤了防寒覆盖物再修剪，时间就很紧张了，所以如果是在冻害发生的地域，请尽早在 12 月就完成修剪，并立即做好防寒准备进行越冬。

（2）**方法** 玛斯义·陶芬是夏秋兼用种，但是通常只对收获秋果的进行修剪。采用一字形整枝的玛斯义·陶芬的修剪，基本原则是在上一年伸展的结果枝的基部留下 1~2 个芽后剪掉上面的部分，发芽后进行疏芽，只让 1 根结果枝伸展。主枝尖端的结果枝变弱时，可利用顶端优势对上芽进行回剪，或是用支柱等把主枝尖端抬高，注意仔细微调，把整株的结果枝弄整齐。

剪枝的位置，若留下 2 个芽，在这一节上面的芽处切除（图 5-4）。无花果的枝条柔软，中间有很粗的髓，材质也很粗糙，容易变干。若在想使用的芽的上面剪切，会因干枯而使想利用的芽生长发育变差。

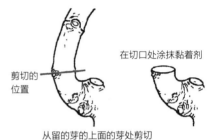

图 5-4 剪枝的位置（木谷 供图）

留下的多余部分在第 2 年修剪时切除（图 5-5），并在切口处涂抹黏着剂。在当年 6 月末时切除，虽然切口愈合快，但有时会出现由于切口干枯而造成的新梢尖端萎蔫、"烧叶"等现象（图 5-6）。所以，如果是当年切除，要避开高温干旱时期，在切除后及早涂抹黏着剂。

虽说是留下 2 个芽，但是向上生长的芽或二次伸展的秋芽基本上不能作为第 2 年的结果枝使用（图 3-13）。最后还是要把能用的芽留在尖端。但是在树势弱的情况下，就使用平时不用的有点向上生长的芽；相反，树势太强时，考虑树势的稳定，应优先使用向下生长的芽。

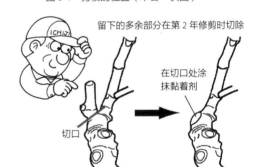

图 5-5 多余部分的切除（木谷 供图）

同样的方法也适用于 1 株中的结果枝位置。主枝的尖端部，因为无论怎么修剪也容易变弱，所以尽量地使用有点向上生长的芽；越靠近主干的结果枝越强，就使用稍向下生长的芽。

图 5-6 切掉多余部分后由于切口干枯而出现的"烧叶"（箭头指向的叶片）

（真野隆司）

◎ 蓬莱柿的修剪

（1）原先是以疏枝为主的修剪　蓬莱柿在栽植后 5~6 年树形就可完成，并且成园。以后，在主枝、亚主枝的尖端部多配置一点结果母枝，并将尖端向架面斜向上方立着引缚，使之保持强壮。

在冬季，蓬莱柿进行结果母枝的疏枝修剪，以平均 1 米^2 架面留 2~3 根结果母枝为目标，均匀地进行引缚（图 5-7）。留下的结果母枝，原则上不对尖端进行回剪，但是随着树龄的增加，新梢伸长变差时也可以进行适当地回剪。

侧枝可利用 4~5 年，但为了防止秃顶，一般回剪全部侧枝数量的 30% 左右（图 5-8）。

没有棚架的情况下进行自然开心形培育的，原则上整枝修剪和平架栽培相同。但是，因为树长得太高了，管理就更费力，所以要利用支柱和木桩把主枝和亚主枝向下拉拽（图 5-9）。

（2）通过回剪结果母枝使收获高峰分散　以前，蓬莱柿采用的是以疏枝为主，促进提早发芽，抑制新梢伸长，在收获期的前半段（8 月下旬 ~9 月下旬）就收获一多半的栽培体系，这是通过早期上市争取高价格的栽培。但是，近年来因为这种栽培体系存在收获期劳动力的集中和出货集中而造成单价低迷的问题，所以不如将所有的结果母枝都进行回剪，推迟发芽，促进新梢伸长，从而使收获高峰推迟，把收获期分散开来。

图 5-7　蓬莱柿结果母枝的水平引缚（粟村　供图）

图 5-8　为了防止蓬莱柿秃顶，一般回剪全部侧枝数量的 30% 左右，图中为发芽时的情况（姬野　供图）

图 5-9　使用木桩降低树高的自然开心形蓬莱柿（粟村　供图）

在树冠充分扩大直到成年期为止，和以前一样以疏枝修剪为主。对到了成年期的树或树势稳定的树，将所有的结果母枝从基部留下 2 个芽后进行回剪（图 5-10）。总之，和玛斯义·陶芬相同，第 2 年以后也采取同样的修剪方法并反复进行。

通过回剪，像刚才所讲的那样新梢伸长变得旺盛，收获开始时间推迟 7 天左右，但是 8 月下旬的收获比例降低，9 月中旬以后的收获比例增加。收获高峰分散开，后半段的收获比例变多（图 5-11）。

对于总的收获比例及单果重，疏枝修剪时收获期前半段的收获比例比回剪时的略有优势，但是这个差距很微小。回剪使修剪和疏芽变得简便，这些工作的作业时间也缩短。

图 5-10　蓬莱柿的结果母枝留下基部 2 个芽后进行回剪（粟村　供图）

如果回剪用于树冠扩大中的幼树，新梢伸长就过于旺盛，所以最终还是对树势稳定的成年树最适用。

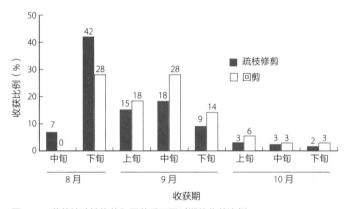

图 5-11　蓬莱柿疏枝修剪和回剪后不同时期的收获比例

进行肥培管理时，把 7 月下旬时的新梢培育至长 1 米以内，展开叶片数为 20～23 片。

如果是树势衰弱的树，仅通过回剪有时还不能充分地促进新梢伸长，所以还要进行侧枝的回剪、土壤改良、增施肥料等一系列措施来强化树势。

如果把结果母枝全部回剪，就收获不到结果母枝尖端部着生的夏果了。如果是以夏果生产为目的，就采用传统的疏枝修剪。在果园内，把疏枝修剪和回剪混合使用，调整收获高峰也是可能的。

（粟村光男）

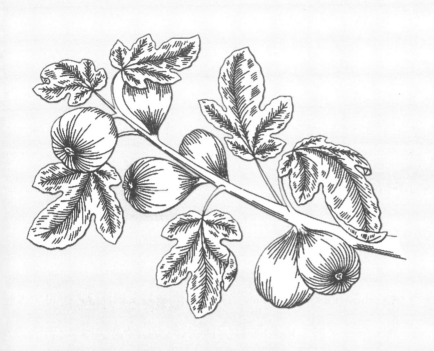

第 6 章

病虫害、鸟兽害
及生理障碍对策

1 主要病害及防治方法

◎ 枯萎病

在主干地表部或主枝发生不规则的褐色病斑，造成树干腐烂（图6-1）。如果生成病斑，新梢就凋萎、黄化、落叶。随着病斑扩大，树体枯死。

枯萎病的病原菌通过土壤、苗木、坡面方胸小蠹（图6-2、图6-3）传播蔓延。病原菌主要从根基部侵入，逐渐向地上部的主干移动。感染多发生在6~9月，地温在25~30℃时发病最多。

图6-1　被枯萎病菌侵染的无花果树

防治方法是从健全树上取下接穗，用未发病的土壤繁殖苗木。已发病的树要尽早拔除，带到园外进行烧埋处理。发病株的栽

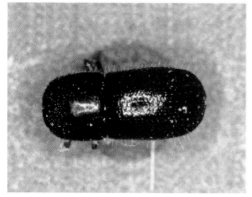

图6-2　坡面方胸小蠹（体长约4毫米）携带枯萎病的病原菌

图6-3　坡面方胸小蠹挖出的坑道和枯萎病的患部

植处要进行土壤消毒。在发病园，包括健全树在内，向植株基部浇灌药剂[一]。近年来，用抗枯萎病的砧木进行嫁接的栽培试验也在进行中。

（粟村光男）

◎ 疫病

疫病主要在果实和叶上发生（图6-4）。从幼果到成熟果各个生长发育阶段的果实都能发病，生成从暗绿色到黑色的水浸状的大病斑，之后，病斑表面上生有白粉病样的霉菌。病症的发展很快，从发病树上收获的果实即使没有病斑，在出货后也会很快地发生病害，所以要注意。

在叶片上形成暗绿色的不规则大病斑，不久就落叶。此病喜高温多湿，多发生在 6～7 月的梅雨期或在 8 月下旬

图6-4　疫病
在果实上形成水浸状的黑色病斑，病斑上生有白粉病样的霉菌

以后的秋雨期。降雨时地面的病原菌随雨滴飞溅，附着在植株下段上之后就开始发病。

叶片和果实一般都是从植株下段的开始发病，逐渐向上段传染。有时在主干上也发生，有的发生与枯萎病相似的症状。但疫病的病斑经常易在地面潮湿的场所或过于繁茂、通风差的场所发生。防治对策如下：

①要将患病果和患病叶带出果园，进行烧埋处理。因为落到地面上的果实和叶会成为第 2 年的传染源，所以收获后也要把果园清扫干净。

②在垄上要覆盖稻草等，防止雨滴飞溅。

③在改善排水的同时，也要对结果枝进行整理，控制氮肥施用量等，消除过于繁茂的状态，改善通风环境，降低果园内的湿度。

④因为发病树的果实在出货后也可发病，所以要喷洒药剂，不控制住病情就不出货。

⑤在药剂喷洒方面，作为预防性的药剂可喷洒可杀得、波尔多液等铜悬浮剂和百菌

[一]　在本章中介绍的药剂是截至 2014 年 2 月在日本登记的农药。在本书附录还列举了日本可在无花果上使用的主要的杀菌剂、杀虫剂的一览表，敬请参考。

清等，预防或发病时可喷洒氰霜唑可湿性粉剂、嘧菌酯可湿性粉剂、吲唑磺菌胺可湿性粉剂、双炔酰菌胺可湿性粉剂。疫病的登记药剂近年来有所增加，效果好的药剂也在增加。如果在6月的梅雨期前和8月下旬的秋雨期前进行预防性的药剂喷洒，能在很长的时间内控制发病。

◎ 果实腐烂病

无花果的果实腐烂病，在收获期间降雨多时就发生严重，但是不像疫病那样在枝叶和幼果上发生，只在成熟果上发生。造成果实腐烂的原因，概括地说有黑霉病、酵母菌腐烂病等多种。这些病害由果蝇类或稻眼蝶等的昆虫传播，助长了病害的发生。

（1）**黑霉病**　黑霉病发生初期，从果实的裂果部分开始腐烂，不久变为灰白色，之后就变成暗褐色，产生霉菌并呈水浸状腐烂（图6-5）。它在熟果上的潜伏期为1天左右，因为病原菌的繁殖力很强，所以如果在发货箱内有腐烂果，就会导致整箱腐烂。由此病导致的出货后的赔偿纠纷是最多的。此病的病原菌喜欢高温多湿（25~30℃），并且在有机物的表面等处无处不在。

（2）**酵母菌腐烂病**　因为酵母菌可以在果实的裂果部分繁殖，所以初期症状是裂果部分变为红色，不久果汁就从果实的果孔处漏出（图6-6）。同时发出强的发酵臭味，会招致果蝇类聚集。症状进一步发展时，果实内部溶解生成白色的黏糊糊的泡，虽然会空洞化，但是不像黑霉病那样在果皮上产生霉菌，症状的发展比黑霉病稍慢一点。

图6-5　黑霉病（细见　供图）
这是发货后索赔最多的病

图6-6　酵母菌腐烂病
裂果部分变为红色，有很强的发酵臭味，招致果蝇等聚集

除此之外，也有在果孔的开口部生有老鼠毛样霉菌的类型（由链格孢属引起），但是霉菌没有扩展到果肉和果皮。另外，炭疽病、灰霉病等也侵染果实，但是发生没有那么多。

（3）不要留下过熟果，病果要带出果园进行彻底处理　果实腐烂病的防治方法是进行适期收获，不要把过熟果留在树上，病果要带出果园，挖坑进行深埋以除去传染源。另外，和疫病处理方法一样，应降低结果枝的密度，使果园内的通风变好，改善排水条件，以减少果园内的湿度等。

防治这些病害的药剂中，对于黑霉病，甲基硫菌灵可湿性粉剂、异菌脲可湿性粉剂进行了登记。另外，对于传播病原菌的果蝇类，氟丙菊酯可湿性粉剂进行了登记。但是，如果等到降雨持续或病原菌扩展开之后，即使喷洒药剂也没有多大的效果了。如果预报有连续降雨，就要尽早喷洒药剂。

◎ 锈病

在叶片正面生有褐色的小斑点的同时，在叶片背面也生有黄褐色的粉状孢子。到了秋季，这样的病斑多了就引起早期落叶，结果枝上只剩下果实，果实的发育、成熟就会停止，不能正常收获（图6-7）。

露地栽培时，经过 10~30 天的潜伏期，从 8 月末时发病，以夏孢子进行二次传染。发病高峰在 9 月后半月至10 月初前后，夏季低温多雨的年份多发。加温大棚栽培时，因为生长发育期间长，病原菌的密度降不下来，容易周年发生，甚至周边的果园也会有很大的损失。

图 6-7　锈病（粟村　供图）
叶片正面生有褐色的小斑点，叶片背面着生黄褐色的粉状孢子。病斑扩展就会造成早期落叶

以病叶上产生的冬孢子进行越冬，可成为第 2 年的传染源。所以要对受害的叶片进行焚烧，以降低越冬菌的密度。在防治上，在早春（4 月上旬）喷洒石硫合剂 7 倍液，在生长发育期的 8 月喷 1~2 次己唑醇可湿性粉剂、腈菌唑可湿性粉剂、氟菌唑可湿性粉剂、嘧菌酯可湿性粉剂等进行预防。

（真野隆司）

◎ 疮痂病

蓬莱柿比玛斯义·陶芬发生疮痂病多。此病侵染叶片、枝条、果实的幼嫩组织。在果实上生有暗褐色的小斑点，互相愈合并木栓化，有时也形成大型的不规则形斑（图6-8）。

新梢病斑是一次传染源。在发芽后新梢和果皮上形成的病斑上的分生孢子成为二次传染源。分生孢子随风雨飞散。比起在即将发芽之前进行药剂防治（4月），更好的方法还是在减少越冬传染源的同时，从新梢伸长期到果实膨大期都进行防治以防止从叶片到果实的感染。药剂喷洒的间隔时间要根据降雨进行调整。用氟菌唑可湿性粉剂、嘧菌酯可湿性粉剂、二氰蒽醌可湿性粉剂、8-羟基喹啉铜盐可湿性粉剂、甲基硫菌灵可湿性粉剂进行防治，但是因为甲基硫菌灵有耐性菌发生的地区，所以要避免连用。

图6-8　疮痂病
蓬莱柿多发，侵染叶片、枝条、果实的幼嫩组织，生成直径为1毫米左右的暗褐色小斑点

（粟村光男）

◎ 萎缩病（无花果花叶病毒病）

萎缩病从发芽、展叶期到夏季发病，症状一般表现在叶片上，有时也在果实上发病。叶片的症状各种各样，有的皱缩、有的叶色呈黄化斑驳状（图6-9）。症状较轻的情况下，从梅雨期结束前后就开始恢复，生长发育和其他枝条相比没有什么变化。但症状较重时，生长发育前半段枝条的伸展就变差，坐果开始推迟，收获期也推迟。

花叶症状的存在从以前就已经为人所知，不过那时认为原因是无花果锈螨（*Aceria ficus*）潜入芽中，在无花果发芽、展叶、新梢伸长时在叶片上吸取汁液，从而引起这些

图 6-9　萎缩病（松浦　供图）
叶片皱缩、畸形或呈黄化斑驳状。要彻底防治无花果锈螨，同时也要注意不能从发病的树上采集接穗等

症状。后来无花果花叶病毒被发现，并认为症状可能是由这些病毒侵染造成的。

　　详细情况还有待今后认真研究，但是现在的防治对策有两点非常重要。

　　①要彻底防治无花果锈螨，防止无花果花叶病毒的感染。

　　②有症状的枝条就不能用作插穗。

（松浦克彦）

2　主要虫害及防治方法

◎ 蓟马类

　　蓟马是一类体长 1.5 毫米左右、极微小的虫子，危害无花果的有花蓟马、黄胸蓟马等多种蓟马。

　　蓟马的发生在 6 月中旬 ~7 月中旬达到高峰，坐果后 15~20 天，果实的横径达 25~30 毫米时，从张开的微小的果孔中侵入。侵入时就造成果实内部褐变（图 6-10），严重时果实内部产生霉菌。

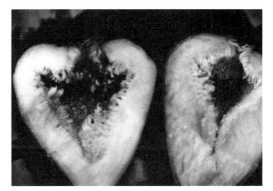

图 6-10　蓟马危害的果实（左边是受害果，右边是正常果）
果实内部发生褐变

果皮颜色暗淡，但是从外观上难以判断，因为蓟马危害引起的消费者退货的情况时有发生，所以造成的影响很大。虫体很小，从外面又看不到危害，所以非常令人头痛。

蓟马在高温干旱的年份发生多，主要是用药剂进行防治，具体的方法如下：

①观察自己的果园最早的坐果时期，掌握果孔开张的时间（坐果后 15~20 天）。在此时用乙酰甲胺磷 2000 倍液进行彻底喷雾。乙酰甲胺磷虽然对蓟马有效，但是因为使用时期限定在收获前 45 天，还规定了 1 年只使用 1 次，所以应尽量早期使用。平均 1000 米^2 喷洒 300~350 升以上，用机动喷雾器喷洒的雾滴细，对叶片的正面和背面都要认真地喷洒到。特别是树势强、新梢伸展快的果园要多喷洒一些。

② 2 周后，用乙酰甲胺磷以外的药剂（啶虫脒水溶性粒剂、四溴菊酯可湿性粉剂）以同样的方法进行喷洒。

③ 2~3 周后，再喷洒 1 次（用和②相同的药剂就可以），这时可用对叶螨也有效的药剂（溴虫腈可湿性粉剂），也可考虑和杀螨剂混合使用。

按从①~③的顺序进行彻底的药剂喷洒，到 10 月蓟马的危害基本就被抑制住了。

在这以后，8 月的药剂喷洒根据收获截止的日期进行。

近年来，可用于无花果的登记药剂也在增加，防治蓟马的药剂也有能在收获前 1 天使用的，但是 8 月蓟马的发生高峰也已经过了，这时期喷洒，对从果孔开张时期向前逆推为 10 中旬以后收获的果实有效果。

不知道无花果是否能收获到 10 月中旬以后，如果收获不到，只要不是特别高温干旱、蓟马发生严重的年份，因为已经进入收获期，所以应尽量控制 8 月以后对蓟马的防治。

不使用农药的防治方法，在第 4 章第 56 页已进行了介绍，在树冠下覆盖透湿性的白色垫，依靠反射光使蓟马不能靠近。用无纺布制的白色斜纹带（白色带）贴在无花果的果孔上，阻挡害虫侵入果实内部的方法也已实用化（市川等，2004 年）。

另外，因为蓟马类多数栖息在果园周边的杂草上，对这些杂草也要进行彻底清除。

◎ 天牛

在危害无花果的天牛当中，桑天牛和黄星天牛（图 6-11）这两种天牛最重要，它们的习性不同。要搞清楚是哪一种后再采取相应的对策。

（1）桑天牛　从幼树期到成年期一直危害，危害更大。体长 4 厘米左右，体形较大，生有灰黄褐色的天鹅绒状细毛。成虫 6 月下旬 ~9 月上旬出现，取食嫩枝的树皮和叶片。之后，在新梢基部直径约 2 厘米处咬出小且深的圆形伤口，把卵产在其中。

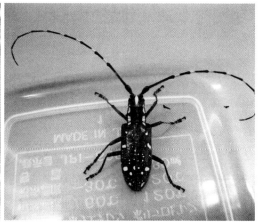

图 6-11 桑天牛（左图）和黄星天牛（右图）
桑天牛体形较大（体长 4 厘米左右），生有灰黄褐色的天鹅绒状细毛。黄星天牛有浅黄色的斑点，体长 2~3 厘米，体形小

　　孵化的幼虫大体上 2 年就能变成成虫。随着成长一边取食木质部，一边从主枝、主干向植株基部的方向移动，蚕食的隧道也变大。因此，成年树的结果枝从产卵处折断，甚至有主枝枯死，对苗木、幼树的损伤很大。桑天牛在多处钻出小孔洞，排出像上了色的萝卜泥一样的虫粪，一看就能分辨出来。

　　防治方法为捕杀成虫，同时顺着刚产卵的痕迹将里面的卵捣碎即可。如果看见叶片和树皮被取食，就要认真观察附近结果枝的基部。多数能发现产卵痕迹。如果有幼虫，就用带专用喷嘴的喷雾杀虫剂或园艺用氯菊酯向排出木屑的洞穴内喷入进行防治。9~10 月的幼虫还很小，因为木质部的危害也少，所以防治还很有效果。

　　在药剂处理后把洞穴附近的虫粪清扫干净，看从这个洞穴是否还再次排出新的粪便，以此确认防治效果。如果不清扫干净，就无法确认防治是否有效果。尤其是虫子已经死在里面了，但是还不知道效果，会导致向同一个洞穴内喷好几次药。

　　（2）黄星天牛　黄星天牛体长 2~3 厘米，比桑天牛的体形小，在老鼠色的身体上有浅黄色的斑点是它的特征。成虫在 6 月上旬 ~9 月末发生，危害时间长，个体数也多。黄星天牛一般不出现在健全的无花果树上，但是树体受冻害有伤时就会飞来，并在受伤的树皮处大量地产卵。5 毫米左右的月牙形伤口就是产卵痕迹。

　　幼虫把树皮下咬得乱七八糟，从树皮的裂口处排出很多的木屑状的虫粪。危害进一步发展时，树皮大面积枯死，树就衰弱。它的个体数比桑天牛多，而且取食孔处的虫粪也有很多，不易分辨，不能使用喷雾瓶式的杀虫剂（没有防治黄星天牛的登记药剂，喷嘴也很容易堵塞）。一旦它钻入树干内，会比桑天牛更难防治。

防治对策是在 7 月喷洒啶虫脒水溶性粒剂。对成虫的杀灭效果高，还可同时防治蓟马、介壳虫，并且效果也很好。有冻害发生的果园，预防对策是在 4~7 月时用杀螟松原液涂抹主枝、主干的表面，防止成虫产卵。对防止日灼也有一定的效果。

也可以使用生物农药，如用天敌丝状菌防治成虫的卵孢白僵菌，或者用天敌线虫防治幼虫的昆虫病原线虫制剂。

◎ 介壳虫（煤污病）

无花果的果实上附着着黑色的煤烟状的污物，就失去了商品价值。原因多是介壳虫寄生，煤烟状污物是由于在这些虫的排泄物中有黑色的霉菌。如果防治住介壳虫，果实上就没有这些污物了。

危害无花果的介壳虫中藤臀纹粉蚧（*Planococcus kuraunhiae*，图 6-12）占多数，也能看到枫树大球蚧（*Lecanium horii*）的发生。在梨园和葡萄园中也有同样的情况。介壳虫在越老的果园越有增加的倾向。老果园枯了的树皮或缠着引缚细绳的间隙等处，药剂难以喷到，藏着介壳虫的情况很多。在休眠期把果园内

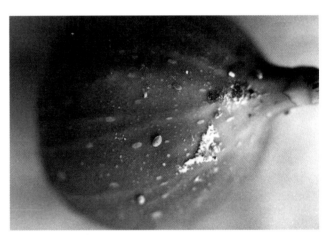

图 6-12　在无花果果实附着很多藤臀纹粉蚧

彻底清扫干净，使害虫没有隐藏的场所，这是减少虫源基数的基本原则，在此基础上，再喷洒足量的药剂是很重要的。

在休眠期可用机油乳剂防治，在新梢发芽后每年 2 次用噻嗪酮可湿性粉剂、啶虫脒水溶性粒剂等进行防治。

◎ 叶螨类

危害无花果的叶螨中，神泽氏叶螨占多数。叶螨在高温干旱时繁殖快，但是可能是因为近年来这样的年份多，有多发趋势。另外，虽然在无花果上登记的防治药剂增多了，但是噻虫嗪和拟除虫菊酯等杀虫力强的药剂多，在杀死害虫的同时连天敌一块杀死了，以及所谓的"由于害虫产生抗药性，害虫数量增加"这一性质也可能助长了叶螨的

繁殖。

叶螨的危害主要在叶片和果实上，特别是果实呈铁锈状褐色，即使着色，果皮上也没有光泽（图 6-13），所以商品价值显著降低，叶片褪绿、早期脱落。

叶螨（神泽氏叶螨）的成虫长 0.3~0.4 毫米，大多数人认为 1 片叶上有 2 头时就要进行防治，但只要不是发生得很严重，因为虫体太小，栽培无花果较多的年龄稍大的人一般用肉眼是看不见的。在高温干旱时因为

图 6-13　被叶螨危害的果实
呈铁锈状褐色、果皮无光泽、商品价值降低

暴发性地繁殖较多，所以进入 7 月后如果有 4~5 天连续晴天，就必须对叶螨进行防治，同时也兼治了蓟马。叶螨也和蓟马一样，要用充足的药液量并且以很细的雾滴，细致地喷洒叶的正、背面。

防治的药剂有腈吡螨酯可湿性粉剂、丁氟螨酯可湿性粉剂、米尔贝霉素乳剂、乙螨唑可湿性粉剂、溴虫腈可湿性粉剂、联苯肼酯可湿性粉剂、唑螨酯可湿性粉剂、吡螨胺悬浮剂、哒螨灵悬浮剂等，但是哪一种药剂都是每年只能喷 1 次，要注意轮换用药。另外，因为唑螨酯可湿性粉剂、吡螨胺悬浮剂、哒螨灵悬浮剂为同一类的药剂，视为同一药剂，需要避免连续使用。

◎ 无花果锈螨

无花果锈螨属于瘿螨科，是体长 0.2 毫米左右的极微小的螨虫。主要生存在从无花果的新梢尖端的新芽到第 2 片展开叶附近，据说它还可传播无花果花叶病毒引起萎缩病。登记的药剂有唑螨酯可湿性粉剂、吡螨胺可湿性粉剂、哒螨灵可湿性粉剂，但是这几种药剂可视为同一种药剂，应避免多次地连用，喷洒时间为 7 月中旬，可与叶螨同时防治。

（真野隆司）

◎ 根结线虫

无花果是非常易受线虫寄生危害的果树。把树下的土壤稍微挖掘一下，会看到在细

根上有直径为 1~3 毫米的根结（瘤），偶尔也能见到直径近 1 厘米的根结。这是在蔬菜等作物上广泛寄生的南方根结线虫所致，小心地解剖检查根结，就会发现有卵形的乳白色雌成虫在里面寄生。

形成根结后，根吸收养分、水分的通道就受阻，严重时造成树势衰弱。因为一旦侵入根内再想完全防除线虫就很难了，所以在栽植无花果的时候，就要注意检查像这样的根结是否附着在根上。

作为防治侵入的根结线虫危害的药剂，有施用于土壤的二氯异丙醚、噻唑磷等，现在枯草芽孢杆菌的孢子这一天敌微生物也被制成菌剂，虽然价格很高，但是防治效果很好。

实际上，一点根结也没有的地块好像还没有发现，多少有点根结对产量也影响不大。仅就根结线虫来说，比起有没有线虫，还是把果园的土壤是否适合无花果根的生长发育作为重点来考虑为好。根据情况，使用吉迪等强势砧木来弥补根结线虫对树的损害也是有效果的。

（细见彰洋）

◎ 无花果榕拟灯蛾

无花果榕拟灯蛾（*Asota ficus*）属于夜蛾科，原先是分布在冲绳的南方系蛾类，受全球变暖的影响，近年来成为侵入日本本土的害虫。1999 年在爱媛县确认发生，之后也确认了在此栖息生存。现在已在日本西部大部分府县发生及栖息分布，今后分布区域还有可能继续扩展。

成虫的前翅是褐底上有橙色、黑色、白色的斑纹，后翅是在黄底上有黑色的斑纹，色调比较鲜艳（图 6-14）。

卵的直径约为 0.8 毫米，成虫在嫩叶的背面产下约含 50 粒卵的卵块。幼龄（长到 20 毫米左右之前）时在叶片背面群生，因为取食危害会留下表皮，所以叶脉间留下白色的膜。随着生长发育的进展，它们分散开并继续为害，甚至在叶片正面生存危害。长至中龄和老龄幼虫时，叶片被啃食得乱七八糟，只剩下粗的叶脉。

老龄幼虫的体长约 40 毫米，是全身呈黑色的毛虫，腹面呈橙色，看似全身有毒，实际无毒，老熟幼虫在土层浅及因冻害枯死并腐殖土化的木质部处化蛹，以蛹越冬。

1 年间经过 4 个世代，发生显著危害多是在秋季以后。

耕作防治方法是一旦发现低龄幼虫群生在叶片背面就摘下寄生叶并处理掉。虫长大后分散开的情况下，可喷洒氯菊酯乳剂、啶虫脒水溶性粒剂进行防治。

图 6-14　无花果榕拟灯蛾的成虫（左图）和老龄幼虫（右图）
1999 年在爱媛县首次确认发生，以后分布区域向北扩展，在日本西部大范围内栖息分布

◎ 其他虫害

（1）棉铃虫、斜纹夜蛾　这两种都是在蔬菜上危害较多的害虫，由于杂食性很强，所以也危害无花果。棉铃虫从果实的果孔侵入，在内部取食危害，斜纹夜蛾在果实表面取食危害。在休耕田等大量发生的害虫能向相邻的无花果园移动。在甜高粱田的杂草上发生的害虫在收割时也有危害无花果的。目前氟丙菊酯可湿性粉剂的防治对象只登记了斜纹夜蛾。

（2）桑蓝萤叶甲、纵纹卷谷蛾　桑蓝萤叶甲（*Fleutiauxia armata*）在 5 月前后取食危害展叶初期的叶片（图 6-15）。虫体大小为 6 毫米左右，有光泽，为前翅蓝中带绿的甲虫。成虫的危害虽然局限在很短的时间内，但幼虫量多时，会危害无花果树的根，就会造成树势衰弱。

纵纹卷谷蛾（*Erechthias atririvis*）的幼虫取食危害因冻害等受伤的树皮及周边部位。虽然和黄星天牛的危害很相似，但是它的虫粪是小粒状的，6~7 月在危害处附近有时见到很多接

图 6-15　取食危害展叶初期叶片的桑蓝萤叶甲

近 1 厘米长的褐色蛹壳。虽然造不成很大的危害，但是要小心地削去受伤的部位加以修复。对这些害虫的防治还没有登记的药剂。

3 鸟兽害及防治方法

危害无花果果实的鸟有栗耳短脚鹎、灰惊鸟、乌鸦等（图 6-16）。在日本各地虽然实施着各种各样的防治对策，但是，通过眼球图案等视觉威胁鸟的方法鸟容易习惯。都市近郊栽培的无花果较多，通过爆音机等声音的威胁也因有噪声的问题而难以使用。所以，设置防鸟网，对于防止鸟害是最切实有效的。

在兽害上，对于都市近郊栽植较多的无花果，在山地尤其成为问题的鹿、野猪等的危害还比较少。但是，对浣熊、貉、果子狸等生活在离村庄较近地方的动物需要加强注意，用网或带弱电的栅栏防止它们侵入是最切实有效的对策（图 6-17）。特别是浣熊的智力很高，一旦嗅到果园内果实的气味后，就会寻找各种路径试着侵入。在周边栖息的是哪种动物通过足迹就能辨别出来，设置上与之相匹配的网或栅栏以防止它们侵入。

图 6-16 受鸟害的果实

图 6-17 设置防止浣熊侵入的栅栏

4 生理障碍及防治方法

◎ 比桃的耐湿性还弱

原先认为无花果是适合湿地栽培的果树，但是实际上它在果树当中是不耐湿害的，比桃的耐湿性还弱。无花果只要积水 2~3 天就会受湿害，叶片萎蔫，沿着叶脉褐变、脱落。因大雨而积水发生湿害时，只有生长发育旺盛的叶片受到障碍，但是快速把水排出去，以后展开的叶就会变正常。

过去，虽然没有受到非常严重湿害的无花果园，但是在极端的冷夏和多雨的年份，也出现过整个根受到很大的损害（主根腐烂了），由于树势衰弱不得不再次栽植的案例。如果是水田转换田多的无花果园，无论是什么样的情况也有可能发生排水不良。像这样的果园提前想好排水对策是很重要的。

◎ 空果节的发生

无花果在结果枝上每节上各坐 1 个果，但是有的从基部到 8~9 节不坐果，叫作"空果节"。虽然出现原因还没有彻底搞明白，但是刚栽植的苗木、大棚栽培的幼树等，贮藏养分不足且有徒长迹象的树发生"空果节"的情况多。另外，从不定芽上发生的新梢或蘖等、晚发出的新梢也是基部的坐果差。在养分转换期前后，坐果后接着遇到连续阴天时就发生空果节。另外，大棚栽培的无花果容易生长得过于繁茂，而且因为覆盖被覆材料，光线透过性也差，所以更容易发生空果节。

对策是要遵循栽培原则认真栽培，如采用稳定树势的修剪，及时进行施肥，减轻过于繁茂的状态，把结果枝和行间留得宽敞一点以使结果枝受到充足的光照等。

◎ 其他生理障碍

在无花果的生理障碍中，大家知道的还有在新梢伸长期叶片背面上生有直径为 5 毫米左右的褐色斑点（图 6-18），还有在结果枝尖端发生黄化的。乍一看，虽然是像发生了病害，但是只在局部发生，不向周围扩展，通过这一点可与传染性病害相区别。由

于根的障碍等，使贮藏养分向同化养分的
转换不顺畅，养分、水分的输送差的情况
下容易发生这些情况。详细的原因还不清
楚，但是，它在排水不良等土壤条件差、
由于冻害等造成树体损伤的情况下发生得
较多，所以首先解决以上这些问题。

（真野隆司）

图 6-18　生理性的褐斑症（暂称）
在新梢伸长期的叶片背面生有直径为 5 毫米左右的褐色斑点

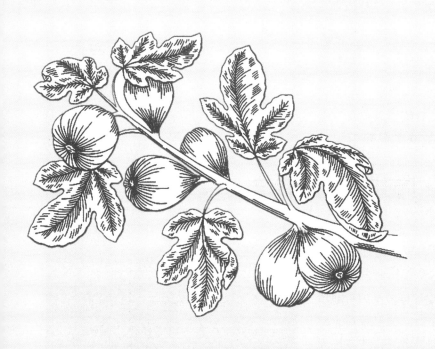

第 7 章

大棚栽培的
要点

1 玛斯义·陶芬的加温栽培

无花果生产需要的劳动力集中在收获、销售方面，占全年作业劳动力的60%以上。为此，2个家庭劳动力可栽培的面积在3000米²左右。加温栽培（图7-1）的引进把收获期分散开，使栽培面积扩大成为可能。在出货少的时期销售果实，可以期待能有高单价，整体收益也能提高。另外，加温栽培不易受晚霜等气象灾害的影响，也不易受雨水影响，能抑制腐烂果的发生。

图 7-1　加温栽培大棚（内膜已撤去的状态）
采用加温栽培，可以把收获期分散开，有希望解决无花果规模扩大难的问题

◎ 在 12 月加温，4~7 月就可收获

一般的种植模式是在 12 月上旬开始加温，4~7 月为收获期。因为将在 8~10 月迎来露地栽培无花果的收获，劳动力最集中的收获期不重叠，分散劳动力的效果很好（图7-2）。在这种种植模式中，在加温前的 11 月下旬进行修剪，把加温后发生的新梢作为结果枝利用，结果枝的生长发育和果实产量也很稳定。

另外，虽然无花果的休眠期很短，但是若在 11 月前开始加温，8 月后半段以后进行夏季修剪，将产生的新梢作为结果枝，即使在生长发育适温下管理，新梢的生长发育也有的停滞，易出现空果节。

◎ 温度控制在 15~30℃

在加温栽培中，以最低温度为 15℃，最高温度为 30℃作为目标进行适宜的温度管

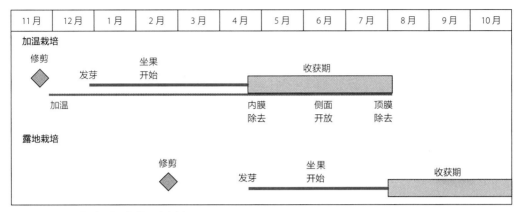

图 7-2　无花果种植模式和收获期的案例

理。为了提高保温性，可用乙烯塑料薄膜覆盖 2 层。

从 11 月上旬开始准备弓条并盖上外膜，11 月下旬修剪后再撑上内膜，12 月上旬就开始加温。这个时期的地温还比较高，由于提温，地上部和地下部都能顺利生长发育。最低气温低时生长发育就推迟，如果低于 12℃的状态持续，新梢的生长发育就易停止，所以要提高大棚出入口和换气扇附近等外面的冷空气容易侵入的地方的保温性，注意对大棚内的温度分布进行管理。

高温管理下，发芽时期会提前，展叶速度加快，促进了新梢的生长发育，但是如果超过 35℃就难以坐果，所以要把发芽后的最高温度控制在 30℃以下。

加温初期，因为想提高地温，促进根的活动使生长发育良好，所以在 2 月以后铺稻草使地温升高。2 月中旬以后，日照变强，大棚内的温度容易变高，结果枝的生长发育也旺盛，易引起烧叶。要注意温度管理，利用换气扇或天窗的开关等来进行换气。

内膜在外界气温上升的 5 月上中旬撤去。因为有时夜温也会降到 15℃以下，所以用加温机进行加温。在温度易上升的白天，利用换气扇、顶风口、侧风口进行换气，以控制温度，防止烧叶和果实的高温障碍。对侧面的乙烯塑料薄膜，外面气温高于 15℃时就开放，以后就进入自然状态。顶上的乙烯塑料薄膜一直覆盖到收获前。

◎ 要注意不能缺水

由于大棚栽培阻断了降雨，所以就要定期浇水。无花果的叶片大，浇水量根据天气或土壤水分情况而变化，不需要千篇一律，以下是浇水标准。

从加温开始前就浇足水，要浇透。因为要确保发芽，在加温初期每隔 1~2 天向树浇水 10 毫米左右，使大棚内保持较高的湿度。要在上午浇水，防止大棚内的室温和地温降低。

从展叶期开始到收获前，每隔 1 周浇 1 次水，每次浇 15~20 毫米。坐果开始后需要的水分量增加，但是根据天气情况不同，土壤水分的状态也有变化，所以要调节浇水间隔。

在收获期以每隔 2~3 天浇水 10 毫米作为标准。浇水间隔长时土壤水分的变动就大，容易造成裂果。另外，在即将收获之前浇水对果实糖度有影响，所以要有计划地进行。

在无花果的新梢上，因为有各个生长发育时期的果实一同坐果，所以浇水量不能极端地增减，要根据土壤的水分状态进行调节。大棚内容易高温多湿，与露地栽培相比，新梢易徒长，这种情况下浇水就要适当控制。

◎ 弥补光照不足的树形、新梢管理

在树形方面，虽然引进了 X 形整枝等，但是一字形整枝作业极为方便。大棚的宽度如果是 6 米，行距为 2 米时可栽 3 行，光不易照到的檐下应避开栽植。另外，为了更好地接受光照，维持树形，使侧枝不要向走道上扩展得太宽。

加温后发芽的新梢要及时进行疏芽，留下需要的根数，大体上一侧以 40 厘米的间隔配置。大棚栽培时，由于覆盖了乙烯塑料薄膜，透过的光就少，而且日照少的冬季和新梢的成长期重合，相比露地栽培，有的新梢易徒长、叶片大，所以要充分确保新梢的间隔，向垂直方向进行引缚。收获期间如果铺设白色的反光垫，下位节的果实着色就变得更好。

收获结束后除去棚顶膜，呈自然状态。因为收获结束后气温也高了，副梢继续伸长，也易受病虫危害。副梢生长过于繁茂易造成内部光照不足且锈病的发生易造成落叶，影响贮藏养分的蓄积，就导致了第 2 年下位节不坐果。因为从收获结束到落叶期的时间很长，所以要认真地整理副梢，留下从尖端发出的 1 根，把从别的位置发出的副梢从基部切除。留下的副梢又伸长时就在 5 节左右再次进行摘心。

◎ 均匀的施肥是很重要的

如前所述，因为在 1 株无花果树中有各个生长发育阶段的果实混生着，所以就需要进行均匀的施肥管理。

（1）与露地栽培相比可减少 2~3 成的施肥量　无花果的施肥案例见表 7-1。大棚栽培时，由于没有降雨造成的肥料流失，树势容易变得旺盛，所以施肥量要比露地栽培少

2~3 成。施肥过多会造成强树势和裂果。而施肥不足时，树的生长发育和坐果就变差，给果实生产带来不良影响。树势强时，就要减少基肥施用量，根据生长状态进行追肥。

表 7-1　无花果的施肥案例（爱知县）

方式	目标产量 / （吨 /1000 米²）	氮 / （千克 /1000 米²）	磷 / （千克 /1000 米²）	钾 / （千克 /1000 米²）
露地栽培	3.4	21	18	25
加温栽培	3.6	18	15	19

（2）如果施用肥效能调节型肥料，施肥量还能再减少 2 成　因为无花果的根浅，可以把需要的肥料分成几次施用，或施用缓释尿素等肥效调节型肥料，从而得到稳定的肥效。肥效调节型肥料的有效成分溶脱少，施肥量能再减少 2 成。

（3）以充分贮藏养分，顺利地进行养分转换为目标　无花果虽然是一种在各节上都坐果的果树，但是大棚栽培中在下位节或超过 10 节的中位节上不坐果的情况也很多，也易出现变形果（图 7-3）。

初期结果枝的生长发育，利用的是上一年蓄积的贮藏养分。贮藏养分少时在下位节上就不易坐果，坐果节位上移，收获开始时间就推迟。另外，在中位节上不坐果和出现变形果，重要的原因之一是从贮藏养分向同化养分的利用转移过程中养分供给不稳定。除施肥管理之外，由于锈病或干旱造成早期落叶而导致贮藏养分不足，温度管理等也会对不坐果产生影响。因此，要采取多种措施并进行适当地管理。

图 7-3　大棚栽培中的不坐果（左图）和变形果（右图）
在超过 10 节的中位节上易发生

◎ 要注意锈病、叶螨、介壳虫、药害

因为大棚栽培不易受降雨的影响，所以造成果实腐烂的疫病的发生也比露地栽培要少。另外，因为棚内湿度大，可发生炭疽病、灰霉病等，锈病易周年发生。叶螨、介壳虫等的害虫也易发生。还有，大棚内易出现高温，就容易发生药害，所以喷洒药剂时要注意。

◎ 根域加温的燃料节减对策

加温栽培中，如果温度不足，收获期就推迟，分散劳动力的效果就降低，也影响到收益。提高设施的保温性，一方面要更好地进行保温；另一方面，对根部进行覆盖，使地温比室温高，可以减少燃料的消耗。

具体的做法是用透明塑料薄膜覆盖垄的部分，把暖风管道设置在塑料薄膜下（图7-4），即根域加温。通过这种方法，暖风能效率更高地到达根域附近，能够保持地温比室温更高。室温15℃时给根域加温，地温能高2~3℃，可促进发芽和初期的展叶速度，收获也能提前1周左右（图7-5）。

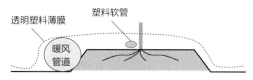

图7-4 根域加温（上林 供图）

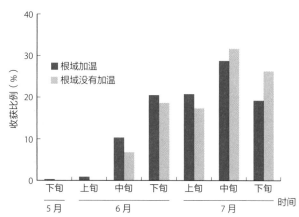

图7-5 在根域加温时不同旬的收获比例变化（上林，2008年）
12月10日开始加温，最低温度设定为15℃

根域加温虽然是一种比较简单的实用技术，但是由于地膜覆盖在垄上，要在膜下也能利用滴灌均匀地浇水、省去利用肥效调节型肥料的追肥作业等，需要导入与之相适应的浇水设备或与之相匹配的施肥管理方法。

（鬼头郁代）

2 玛斯义·陶芬的无加温大棚栽培

◎ 实施效果

（1）提前20~25天成熟 无加温大棚栽培的无花果，7月20日左右开始收获。比露地栽培提前 20~25 天，到露地收获开始时已有 4~5 成果实收获，使高价销售成为可能。

（2）**产量增加，减少了因连续降雨、台风带来的危害**　露地栽培中由于温度不足而不成熟的结果枝上位节果实在无加温大棚也能收获，产量能增加 2 成左右。到 8 月末已收获 70% 以上的果实。大棚有遮雨的效果，还能避开秋季连阴雨和台风带来的危害。

（3）**劳动力分散**　把占全年作业量 60%~70% 的收获、销售作业分散开，使规模扩大成为可能。

（4）**收益高**　作为目标，估计平均 1000 米 ^{2} 约有 200 万日元的毛收入。

◎ 无加温大棚栽培的实践

（1）**选定果园**　和露地栽培的选择有共同之处，要注意选择离家近、温度和水管理方便、不易受冻害、日照好的地块。

（2）**建造大棚**　大棚的构造有波状和拱形的钢管大棚。建设费用（包括浇水设备在内），平均 1000 米 ^{2} 的大棚需 150 万~400 万日元。大棚最低处的高度在 2 米左右。

（3）**2 月下旬 ~3 月上旬覆盖**　无加温大棚的覆盖时间以 2 月下旬~3 月上旬为好。即使是更早覆盖，因为夜间外面的气温低，无花果也得不到必要的生长发育温度（15℃以上），反而增加发芽的不整齐或冻害发生的危险性。最好不要勉强进行提早覆盖。

（4）**以 20~30℃的温度进行管理，要注意高温障碍**

1）覆盖开始至展叶期。为了防止大棚内干旱和提高地温，在覆盖前要进行除草，除去铺的稻草之后，在覆盖的同时浇足水。大棚内覆盖后 1 周左右白天达 20~25℃，以后为 25~30℃。夜间尽量进行保温。

这个时期特别要注意的是高温障碍。晴天时的中午室温急剧上升，有时可达 35℃以上。如果在发芽前受高温障碍，芽会枯死，严重时地上部枯死。在发芽、展叶期以后，就出现新梢的枯死或烧叶的症状。45℃以上时，几个小时就能发生高温障碍，在大棚内易干旱，则更易发生。所以每天洒水 2~3 次，从树上洒到芽或枝条上，洒水量为 2~3 毫米，从中午到 14：00 左右结束，傍晚时早一点关上换气口，夜间进行保温。

2）展叶期至除去覆盖物时。4 月上旬的展叶期以后，对大棚内的温度以 25~30℃为目标进行管理，到 6 月中旬左右为止，还要尽量保持较高的夜温。对于大棚内的湿度，新梢长 15~20 厘米时达 60% 左右，之后节制树上喷水，将湿度控制在稍低的程度。

以后根据土壤的干旱程度每 5~7 天浇水 1 次，每次的浇水量为 10~20 毫米，但是因为大棚栽培很容易造成新梢徒长，要适当地控制浇水量。

（5）15℃以上时除去覆盖物　如果最低气温超过 15℃时（5 月下旬），就把大棚侧面的乙烯塑料薄膜除去，以适应外面的环境。因为顶膜还有遮雨功能，在梅雨期结束时除去。它对防止疫病发生也有效。

（6）平均 1000 米^2 有 2500 根新梢以下　大棚栽培中，由于高温的影响植株容易徒长，节间伸长，叶片也变大，接受光照不足，易形成着色不良果或空果节。这就需要调节施肥和浇水量，在培育充实的结果枝的同时，通过疏芽来扩大结果枝间隔，努力确保枝条接受的光照。结果枝根数平均 1000 米^2 最多也要控制在 2500 根。

（7）应注意的病虫害　用大棚栽培容易形成高温干旱的状态，叶螨、介壳虫有危害程度加重的倾向。另外，如果是呈过于繁茂状态，就容易造成通风差，在天气不好时易发生疫病。

（8）施肥比露地栽培可减少 2~3 成　用大棚栽培容易形成徒长，所以要节制氮肥的施用，比露地栽培少 2~3 成。也要节制石灰的施用，因为比起露地栽培，大棚栽培由于降雨而引起的流失少，pH 高。可以几年检测 1 次 pH，根据检测结果来判断是否需要施用石灰和调整施用量，如果 pH 超过 7.5 就不需要施用石灰了。

（真野隆司）

3　蓬莱柿的加温大棚栽培

蓬莱柿一般地比玛斯义·陶芬的收获开始时间要晚。无加温栽培和露地栽培的收获期没有大的差别，设施导入的优点几乎没有。如果使用设施（大棚）栽培，就采用加温的种植模式（图 7-6）。

加温栽培如果是用新设施，平均 1000 米^2 的毛收入达 250 万日元，比起露地栽培，优点包括每年有稳定的产量、平均 1000 米^2 能确保 2 吨的

图 7-6　蓬莱柿的加温大棚栽培（粟村　供图）
比玛斯义·陶芬收获开始晚的蓬莱柿不用无加温栽培的方式，使用设施时要采用加温的种植模式

产量。另外，因为和露地栽培的收获期不重合，所以将加温栽培和露地栽培组合，就能扩大经营规模。

◎ 覆盖开始和除去的时期

和玛斯义·陶芬同样，在 12 月下旬 ~ 第 2 年 1 月上旬开始覆盖。为了提高大棚的保温性，用乙烯塑料薄膜进行多层覆盖。为了节省能源，在侧面贴上气泡缓冲垫也很有效。

内膜在 5 月下旬除去，侧面的乙烯塑料薄膜在 6 月上旬除去，顶膜在梅雨期结束后除去，如果是用于遮雨，就在收获后再除去。但是，把顶膜留到收获期的情况下，要注意防止高温障碍。

◎ 均匀加温后以白天 30℃、夜间 15℃进行温度管理

用乙烯塑料薄膜覆盖后保持温度为白天 25℃、夜间 10℃，进行均匀加温之后使白天温度为 30℃，夜间温度达 15℃。

◎ 每隔 5~7 天浇 1 次水，但是要注意防止徒长

用乙烯塑料薄膜覆盖之后，就要浇足水，平均 1000 米^{2}浇 30 毫米左右。之后每隔 5~7 天浇 10~20 毫米。但是，新梢有徒长迹象时就要减少浇水量。浇水要在上午进行，以免妨碍地温上升，进入收获期以后如果一次浇水量过多，糖度就会降低，要注意这一点。

◎ 进行有助于提高受光态势的新梢管理

加温栽培中新梢容易徒长，节间长、叶片大。为此，新梢如果混杂拥挤，就容易造成树冠内的透光量不足、果实着色不良。可分几次进行疏芽、引缚新梢、摘心等，来调整果实的受光态势。

◎ 高温期收获谨防延误

加温栽培的收获期在 6~8 月，气温高。因此，果肉先熟，比果实的着色进展快。

蓬莱柿比玛斯义·陶芬更难着色，要以手触摸果实的硬度作为指标，注意不要收获晚了（图 7-7）。因为硬度的判断很大程度上要靠经验，所以收获最初可试吃收获的果

实，确认直觉的准确性也是很重要的。

◎ **其他管理**

其他施肥、防治等的管理可参照玛斯义·陶芬。病害方面，蓬莱柿特别容易发生灰霉病，要及时对设施内进行换气，还要加强新梢管理，增加园内的通风。另外，因为蓬莱柿的新梢生长发育很旺盛，在大棚栽培时最好采用枝梢容易管理的平架栽培方式。

图7-7 加温大棚栽培的蓬莱柿果实（粟村 供图）

（粟村光男）

専栏

尝试一下有价值的大棚栽培

进行大棚栽培的人，除了大规模的产地外是很少见的。最大的原因是即使不花费很多材料和经费进行大棚栽培，露地栽培也很赚钱。另外，虽然比露地栽培能早些上市、可期待有高单价，但是无加温大棚收获期到了中期以后，就和露地栽培的收获期重合了，就不能一直处于单价的状态了。那么，期望有更高单价的加温大棚会怎么样呢？涉及这个问题时，小规模经营较多的无花果生产者，还不舍得花燃料费是实情。

但是，咨询水果店后，发现想买早上市的无花果的人很多，这种无花果属于尽管采购价格稍高一些，但是消费者也想备齐的果品。大棚无花果的需求量出乎意料得多。并且，从栽培方面来看，如果有 2 个家庭劳动力，栽培的上限也就是 3000 米^2，要想再扩大规模，尝试着采用劳动力分散、效率高的大棚栽培就有很大的价值。

另外，采用大棚栽培，在促进成熟的同时，因为收获时间长，收获的果数增加，果实膨大也很好，产量也增加。还能避雨，果实品质稳定，这也是很大的优点。希望有更多的人尝试一下大棚栽培，使无花果栽培再上一个新台阶。

（真野隆司）

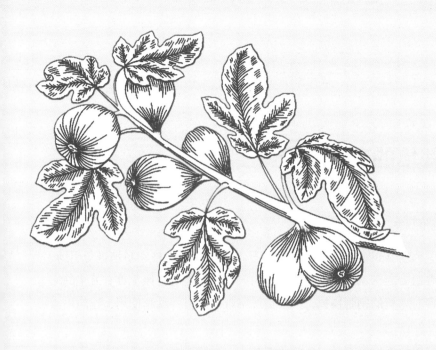

第8章

新建园、幼树
培育的要点

1 无花果栽培的有利因素

◎ 不需要大量的材料，建园简单

无花果（玛斯义·陶芬）的栽培只要有一个架子，就可以对主枝和新梢进行引缚、支撑防鸟网，只用钢管组合起来就能简单地建成果树架。虽说是对台风很难有万全的应对之策，但是只把受害时弯折的钢管换掉，大多情况下就能修复并继续使用，建园不需要大量的材料。

另外，通过扦插繁殖苗木也很容易，生产苗木几乎不需要成本，这也为建园提供了便利条件。

◎ 3~4 年就能成园并进入盛果期

无花果的树冠扩大快，在栽植后 3~4 年就能成园。其他果树成园，如梨需要 7~8 年，葡萄需要 5~6 年，无花果比梨和葡萄成园都快。因此，即使是退休后开始栽植无花果，也能很快地取得收益，这也是很大的优点。

在兵库县的无花果产地神良市西区岩冈镇，为了开展合伙栽培，把这个地域将要退休的人员提前登记好，并从几年前就开始劝导他们栽培无花果，以维持无花果的产地。这也是因无花果的特性而成为可能的活动。

◎ 喷洒药剂少

作为多年生作物的果树就相当于每年连作，就易发生果树特有的病虫害。无花果虽然也有成为问题的病虫害，但是比其他的果树要少，用药剂喷洒 5~6 次就可结束。梨需喷洒 15~20 次，桃需喷洒 10~12 次，相比之下无花果喷洒药剂还算少的。

◎ 生产成本只占 20% 左右

开园需要的生产成本少，如果不需要苗木、药剂费用，当然花费就更少了。

顺便提一下，据说日本的税务机构认为无花果栽培的收益率接近 80%（图 8-1）。纳税是每一个国民的义务，我想每一个公民都是如实进行申报的，但认真整理账簿还是很重要的。

图 8-1　生产成本占 20% 左右，收益率接近 80%

◎ 虽然产量不是很稳定，但价格比较稳定

无花果的果实不耐雨淋，降雨多的年份会有很多不能上市的果实。因此，产量是不稳定的。天气不好时产量就少，品质也差，市场单价也容易降低。但是，与蔬菜等比起来，这个降价的幅度小，价格相对稳定。我想这可能是因为季节性的需求总是很稳定。在漫长的收获期，果实的收获和市场单价虽然往往让人一喜一忧，但是经过不懈努力，持续地提供好的产品，就有可能提高市场的评价。

◎ 若在本地市场销售，就待完熟时再卖

在果品市场上，一般大批量、大产地的果品出售更有利，但是对于无花果，相比远距离大产地的果品，即使是小量生产，也是本地果品的评价更高。因为运送距离越远就越要考虑成熟度，需要提前采摘，避免果实因挤压损伤。如果要想远距离运送高品质的果实，就要提高保鲜成本。

无花果经营的要点是要想完熟上市，首先就要选择本地市场。

◎ 夫妇两人先从 1000 米 ^{2} 左右的规模开始栽培

无花果的收获、上市时所需的劳动力占总劳动力的 70%，而且在收货期每天都要作业。不是那种少数人就能管理很大面积的果树。

以前有热情很高的夫妇两人，一开始就露地栽植了 3500 米 ^{2}，在收获最盛期时不眠不休地每天持续作业，出于健康考虑又不得不把规模缩小的事例。谁能工作、是否需要雇人等，在事前就要充分地考虑好劳动力需求，由夫妇两人栽培管理时，不要勉强，从 1000 米 ^{2} 开始栽培比较合适。

2 品种选择和引进要点

◎ 选玛斯义·陶芬还是蓬莱柿

在日本盈利栽培的无花果品种，现在几乎都是玛斯义·陶芬和蓬莱柿这两种（图 8-2、图 8-3）。虽说它们在品质方面不是特别优秀，

秋果
夏果

图 8-2　玛斯义·陶芬的果实

图 8-3　蓬莱柿的果实，下图中是它的夏果和秋果

但是比起其他的品种，这两个品种都是大果型、产量高。在生食水果利用占绝大多数的日本，无花果栽培中这两个品种是不能抛开的（表 8-1）。

表 8-1　玛斯义·陶芬和蓬莱柿的不同特点

项目	玛斯义·陶芬	蓬莱柿
特征	占总产量 7 成以上的日本的主要品种。容易培育，丰产性好。但是耐寒性差	日本最古老的栽培种，有说是宽永年间（1624—1643 年）从中国或南洋传过来的，也有的说是日本本地品种
果实	8 月上中旬上市（秋果），重 80~100 克，3~4 吨 /1000 米²，果皮呈红褐色至紫褐色，果皮硬，有利于运输	在新梢上（秋果）和结果母枝上（夏果）坐果，秋果在 8 月下旬 ~11 月上旬收获，产量为 2 吨 /1000 米² 左右。夏果在 7 月下旬收获，比秋果果实大，但是产量是秋果的 1/10 左右。果实重 70 克左右，圆形、把短，果皮呈红紫色，果顶部易开裂。果肉呈红色、柔软，甜味、酸味都较强，味道浓厚，吃起来有独特的口感。果肉中的秕子（种子）大。因为果肉是红色的，所以做果酱等加工品的发色也很鲜艳
树势、树形	树势中等，即使是进行强修剪，基部也会坐果。坐果良好，可修剪成树高较低、作业舒适性好、容易整枝的树形。主流是一字形整枝，但是也采用 4 根的 X 形整枝、杯形整枝	直立性，大树型。顶端优势性强，枝条的发生稍少。叶片大，多呈三裂状，但是也有不裂开的叶。幼树期新梢的生长发育旺盛，难以坐果，成熟期也稍有推迟。为此，以密植、强修剪为前提的一字形整枝难以适用。要充分确保栽植间隔，培育成自然开心形等的树冠易扩大的树形，幼树期以疏枝修剪为主，避免过度回剪
栽培地	日本九州北部至濑户内海东部地区，中部地区到东海、关东地区沿海	虽然在日本各地都有分布，但是在冈山、广岛、香川、爱媛、福冈等地栽培较多，在九州至中四国地区的嗜好性高
病虫害	疫病、黑霉病等病多发，对枯萎病的耐性也很弱。蓟马的危害有发生严重的倾向。冻害后易招致黄星天牛。土壤物理性差的果园易发生线虫病	对线虫和蓟马抗性强，但是对疮痂病和枯萎病的抗性弱

（真野隆司）

◎ 汁多味好的丰蜜姬

2000 年在福冈县农林试验场丰前分场，通过场内育成系统的品种间杂交得到杂交实生品种中选拔出来了丰蜜姬，它汁多味好，2006 年 8 月品种登记被批准（图 8-4）。

（1）**单果重 80 克，糖度达 18%**　在树形上，比蓬莱柿还有开张性，比玛斯义·陶芬还有直立性，树的大小、树势及新梢的长度均为中等。顶端优势性介于蓬莱柿和玛斯义·陶芬之间，平均每根结果母枝发生新梢的根数比蓬莱柿多，能用省力的一字形整枝

图 8-4　丰蜜姬的果实

进行培育。叶是 5 裂叶，缺刻深，比玛斯义·陶芬的叶小。

虽然夏果和秋果都能坐果，但是比较适合以秋果为主的栽培。果实呈鸡蛋形，果皮比蓬莱柿的色浅，为红紫色，果脉明显。果顶端部的果孔小，成熟时的开裂也少。单果重 80 克左右，果肉为红色，肉质细密，汁多，糖度为 18% 左右，口感非常好。

秋果在 8 月中旬 ~10 月下旬收获，平均 1000 米^2 的产量为 2 吨左右。病害抗性和既存品种差不多，但是果顶部的果孔难以张开，蓟马的危害少。

（2）适合在秋季气温下降少的地域栽培　土壤条件和已有品种一样，选择排水良好、地下水位低、保水力强的地块为好。在水田转换田和旱地都要以起垄栽培为基本原则，注意排水。

因为随着气温的下降果实就难以成熟，所以希望在秋季气温下降少的地域引进栽培。如果采用一字形整枝培育，和玛斯义·陶芬一样易受晚霜危害，需要采取用稻草缠树等对策，现在仅限在福冈县栽培。

（粟村光男）

◎ 能分散劳动力的夏果专用种——果王

（1）6 月下旬 ~7 月上旬收获　果王是只能在 6 月下旬 ~7 月上旬收获的夏果专用种。它的树势比蓬莱柿弱，比玛斯义·陶芬强，顶端优势也强，枝条的发生数量比玛斯义·陶芬少，并且是直立性的。为此，主枝比玛斯义·陶芬更易开裂。

（2）**果皮为黄绿色、果实为 40~80 克的小果**　果王的果实比玛斯义·陶芬小，单果重 40~80 克，平均每根枝条上可坐果 10~15 个，产量为玛斯义·陶芬的 1/3~1/2。

果皮为黄绿色，因为不着红色，所以不需要担心着色不良，但在收获适期的判定上稍有些难度。完熟的果实绿色褪去，如果过熟就会出现浅褐色的斑点（图 8-5）。果实虽然比玛斯义·陶芬小，但是糖度高，也有酸味，口感好。

另外，果王的收获期只有玛斯义·陶芬的 1/4，因为收获集中在极短的时间内，不适合大面积栽培。建议采取大棚栽培，需要考虑把劳动力分散作为目的，不要勉强引进。

图 8-5　果王的果实
果皮为黄绿色，不着红色，完熟时绿色褪去

在害虫方面，蓟马对果实的危害几乎没有。虽然抗线虫性强，但是桑天牛的危害稍多。对于叶螨、枯萎病、疫病等，和玛斯义·陶芬的受害程度差不多。

（3）**一字形的树形产量高**　栽培玛斯义·陶芬的地区一般采用一字形整枝，栽培蓬莱柿的地区采用自然开心形整枝。果王的树势比玛斯义·陶芬的强，采用一字形整枝时，由于强修剪，枝条的伸展稍强，果实有呈小型果的倾向，但是比自然开心形整枝的产量要多。当然作业也更方便，不过因为结果枝的尖端成为收获的位置，如果枝条伸展得太强了就需要站在梯子上作业。

另外，采用自然开心形整枝时，每根结果枝的收获果数少，但是能采摘到大果。

（4）**使之坐果的枝条不要修剪**　果王是夏果专用种，有独特的坐果习性，是以上一年伸展的枝条的尖端附近为中心坐果。为此，如果在休眠期像玛斯义·陶芬这样进行回剪，就没有果实可收获了。使之坐果的枝条不要修剪，保持原样适度配置。一定要记住"坐果的枝条不要修剪"这个基本的原则。

（5）**结果枝的密度和玛斯义·陶芬相同**　一字形整枝的情况下，新梢比玛斯义·陶芬配置地密一些（一侧间隔约 20~30 厘米），其中约半数的枝条作为结果枝。其余的半数枝条和收获秋果的玛斯义·陶芬一样，在修剪时剪短，作为培育第 2 年结果枝的候补枝（图 8-6）。

从候补枝到使之长出新梢，如果光照条件太好，新梢上的秋果就会生长发育，第2年夏果的数量也会相应地减少。使新梢在一定程度上多长出一些，以避免秋果大量分化。但是，和玛斯义·陶芬一样，在收获期如果有持续的阴雨天，若在很小的面积内配置过多的结果枝，果实糖度就会降低，还会产生腐烂果。因为本来就是在多雨的梅雨期成熟，要注意结果枝和候补枝都不能贪心地留得太多。

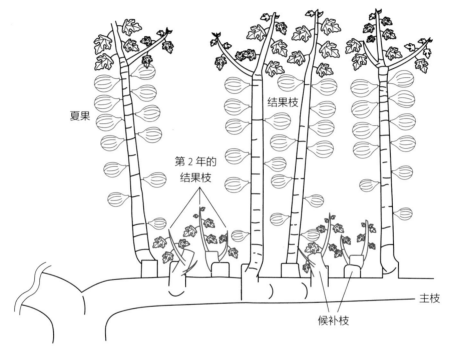

图 8-6　果王的整枝（一字形整枝，春季的模式图）
使之坐果的枝条不修剪，保持原样适度配置

（6）收获后的结果枝在夏季修剪时进行回剪　从结果枝的顶部发出来的枝，若进一步伸展将达近 3 米高。对这些结果枝，收获后立即在比通常的一字形整枝的回剪位置，即新梢基部 1~2 个芽稍高的位置进行回剪（夏季修剪）。这样做的目的是充实候补枝。从回剪处开始，在夏季以后会有若干新的萌芽二次伸长，但是因为充实度差，第 2 年很难使用。在休眠期修剪时再一次在通常的位置进行短的回剪。虽然是休眠了 1 年的芽，但是会照样发芽。在一些产地，也有在收获后立即对全树进行夏季修剪，将再次发出的新梢作为第 2 年的结果枝使用的案例。

（真野隆司）

◎ 其他品种

（1）8月上旬就能收获的夏红　夏红是在爱知县玛斯义·陶芬栽培场圃中发现的枝变异品种。树势中等，有开张性，适合一字形整枝。

秋果的成熟期在8月上旬，早熟、果实膨大良好，和玛斯义·陶芬相同或稍大。外观和口感虽然和玛斯义·陶芬无花果相似，但是果皮呈红褐色、有明亮的光泽。因为果皮的着色比果肉先行一步，所以容易稍早就采摘了，可是未熟果的口感差。所以要注意确认果肉的成熟度，适期收获。蓟马危害比较少。

（鬼头郁代）

（2）布兰瑞克、棕土耳其等　其他品种还包括在日本东北地区被称为"本地品种"并大量栽培的品种（推测可能是布兰瑞克），适合家庭栽培的品质良好的棕土耳其等（图8-7）。主要品种及特性请参考附录C。挑战一下这些品种也是很有意思的。

图8-7　布兰瑞克（上图）、白热那亚（右上图）
和棕土耳其（右下图）

为什么一个产地只栽培一个品种

两个品种及以上分开栽培没什么意义

在日本，多数无花果产地栽培着玛斯义·陶芬或者蓬莱柿中的其中一种。没有两种都栽培的产地。

日本北方的产地，多选有耐寒性的蓬莱柿，但是，即使是在两者都能栽培的温暖地区，一般也只栽培蓬莱柿，不栽培玛斯义·陶芬。在濑户内海西部和山阴西部地区，从以前就对蓬莱柿的市场评价较高。而京都、大阪、神户和中京地区对玛斯义·陶芬的市场评价更高。暂且不说现在，以前无花果的远距离出售是很难的，地区的嗜好性直接影响产地，根据这种嗜好性栽培的结果就是品种固定。

在笔者居住的兵库县，近来总算是罕见地在水果店里见到了蓬莱柿和丰蜜姬这两个品种。但是，蓬莱柿产自广岛，丰蜜姬当然产自福冈。对于消费者来说，增加选择的范围、品种的多样化是一件高兴的事，但是实际上对生产者来说同时熟练地培育不同的品种没有多大好处。对于其他的果树，从早熟品种到中熟品种再到晚熟品种，由于收获期不同能把劳动力分散开。但是几乎所有的无花果品种都是在 8~10 月进行长期的收获，劳动力无法分散。

还有，品种不同，果实的着色和大小也完全不同，因此各品种制定了各自不同的选果标准，并且几乎每天都要选果。基于以上原因，如果花费同样的劳动力，在各地区集中栽培收益高的品种是理所当然的。

今后需要分品种销售

无花果在近年来各地增加的直卖店中很受欢迎。虽然产量少，但是结合消费者口味的多样化，面向那样的场所，由个人尝试挑战一下各个品种也是一种考虑方法。

例如，如果只是将果王摆在店里面，什么别的工作都不做，只会得到"没有颜色的小无花果"这样的评价。只有拿出样品请顾客试吃一下，才会得到"即使是不着色也是很好吃的无花果"这样的评价。另外，在包装上也需要下功夫。玛斯义·陶芬以外的品种果实都较小，如果用玛斯义·陶芬用的 500 克包装盒就很难看了。最大也就是用 300 克的包装盒，根据品种的不同，有的也用

100 克左右的包装盒，销售时要表现出高级感。

如果要栽培新品种，必须有试吃环节，最大限度地表现出这个品种的高级感，做到消费者欢迎是最重要的。佐贺县唐津市的富田秀俊等很热衷于甜且味道浓郁的品种日紫（图 8-8），在研究它的栽培方法的同时，也在努力研究销售方法，现在已确立了这个品种作为地方品牌的地位。

图 8-8　以味道浓郁为特征的日紫

"这个品种怎样卖才好呢？"虽然摆在店里的销售情况和产地状况各不相同，但是都需要平时就认真考虑。

（真野隆司）

3　场圃选择的要点

无花果虽说轻松地就能开始栽培，但毕竟是多年生作物，一旦栽植上，就能栽培 10 年以上，所以在场圃选择时要注意以下几点。

◎ 离家近且南北向的地块最好

无花果的场圃，考虑到喷洒药剂等各种作业的效率、便于收获果实的搬运和选果等情况，要尽量选择离家近的地块（图 8-9），特别是到收获时每天都要持续工作，如果距离远，来回路上花费的时间就多，果实积压的损失也是相当大的。另外一个重要的因素是光照，要避开山、建筑物的背阴面。如果可能，要选南北向长的地块，光照能充分照到行间的地块最为合适，也要避开易受冻害的场圃。

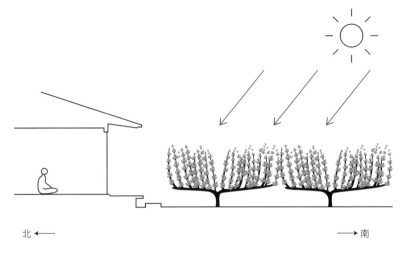

图 8-9　离家近且南北向的地块最好

◎ 把排水性好的地块放在首位来考虑

无花果对排水不良的反应很敏感，排水的好坏对无花果的生长发育影响最大。选能迅速排水，排水顺畅的地块。

◎ 一定要确保有水利条件

无花果对水分需求量大，4~10月浇水是必不可少的。浇不上水的地块就不能栽培。可以利用有水田用的管道通过的场圃（图 8-10）。如果没有，就是自己打井也一定要保证能浇上水。

图 8-10　利用水田的水利设施

◎ 避免连作，采用新建园

无花果有重茬现象（图 8-11），如果连作，就易被线虫、白纹羽病、枯萎病等的土壤病虫害侵害，所以最好采用新建园，尤其是有枯萎病发生的果园，最好是改变一下栽培场所。

如果连作，就要进行土壤消毒和换土等对策。虽然也有登记的防治枯萎病的药剂，

图 8-11　重茬现象明显的场圃

但实际情况是很难根治。如果是旧园栽培，因为前茬的残根和粗大的有机物有的会有白纹羽病，所以一定要注意栽植位置。以前，在山脚下的山林开出的无花果园，有红松的残株留下时就发生过白纹羽病。

　　排水差的场圃也易发生疫病和果实腐烂病。除此之外，栽培过蔬菜的地块（特别是番茄、甘薯等），因为根结线虫的密度很高，所以不要栽培无花果。

4　开园的实际情况

◎　准备场圃（以水田转换园为例）

　　（1）首先要进行土壤改良，如果可能就把田埂去除　因为栽植以后再进行土壤改良就很困难了，所以必须在栽植之前的 11~12 月预先实施土壤改良并做好排水对策。

　　土壤改良时，平均 1000 米^2 施完熟堆肥 3~10 吨、镁石灰 200~300 千克、钙镁磷肥 100 千克并锄于土中。这时不要施用鸡粪等氮肥。如果是水田转换园，由于干土效果在开园时会发现土壤中有较多的氮，开园后几年内多呈徒长状态，基本上不用施氮肥。

另外，如果没有再次恢复水田的计划，用反铲挖掘机全面深耕至深60厘米左右，打破犁底层。但是下层土因为酸性强（pH为4.1~4.3），所以不能翻上来。

（2）**排水对策——排水沟、明渠、暗渠、垄都要修好**　将果园内的水迅速地排出园外是最基本的要求。确认果园的外周是否有这样的排水通路，比果园的排水口低的位置（20厘米以下）是否修好了排水沟等。水田转换园如果还是用种水稻时用的排水口，对于无花果就太浅了。有必要结合垄沟和排水沟、明渠的深度重新修改排水口。

另外，如果场圃被水田包围，由于伏流水的作用地下水位上升，在果园的外缘要挖好防止水渗入的明渠（承水沟），见图8-12。垄沟也可以作为排水沟使用。在黏质土的场圃，排水不良区域要起高垄（垄高为30厘米以上）。

如果还想再改回水田，有这些高垄、明渠就能应对了，但是如果不想再改回水田，就尽量设置暗渠（图8-13）。

图8-12　在果园的外缘挖的明渠

图8-13　设置有暗渠、明渠的无花果园

就在各垄的正下方用挖沟机等挖出暗渠，渠壁应上下垂直且上游和下游有一定的坡度，设计的原则为水能自然地排到果园外。渠的深度虽然也可根据排水通路的水位设置，但是离垄面的深度以60~80厘米为宜。排水沟的底部要铺上碎石，在其上面摆上排水管。排水管使用耐久性很好的直径为5~10厘米的波纹管或硬塑料有孔管。在排水管的周围铺上碎石等防止堵塞孔眼，用含有土壤改良材料的真砂土等回填。

犁底层很坚硬的易形成积水的水田排水差，原则上不适合果树栽培，但也有很多改成了水田转换园，而且栽植了最不耐湿害的无花果，如果不采取有利的排水对策，就不能栽培。即使是在旱田也同样要做好排水对策。

（3）**先在纸上画图，确定栽植间隔**　在开园之前，就要尽量正确地测量预定的栽培场圃并做成平面图。若只用肉眼目测，起垄和栽植的间隔可能过窄，也可能位置错误，以后作业就很麻烦。做成图后，在定好栽植位置的同时，也要把明渠、暗渠等的排水设备、浇水设施的管道位置设计好并画在图上。

玛斯义·陶芬采用一字形整枝时，行距为 2~2.5 米。当行距接近 2 米，正犹豫是不是再增加 1 行时，首先关注的应该是光照，除了能预想到枝条伸展不长的连作地以外，就不要勉强地增加行数了。超密植（参见第 9 章第 145 页）时根据条件将株距设置成 0.8~2.0 米，但是通常为 4.0~5.0 米。

垄高在 30 厘米以上时，垄间走道的宽度一定要确保收获时独轮车或作业台车能从容通行。另外，垄长 30 米以上时，考虑作业效率，可在中间设置能横走的走道，走道宽度为 1.2~1.5 米。

易被大风吹的果园要设置上防风网，减轻因台风或生长发育期间中的叶片摩擦造成的伤果。

◎ 用钢管搭架（以玛斯义·陶芬一字形栽培为例）

图纸完成后要遵照设计进行安装搭架。在图 8-14 的案例中用直径为 22 毫米的直钢管连接，用直交固定夹将支柱边固定边组装，但是如果需要增加强度，要么用更粗的钢管，要么增加钢管根数。

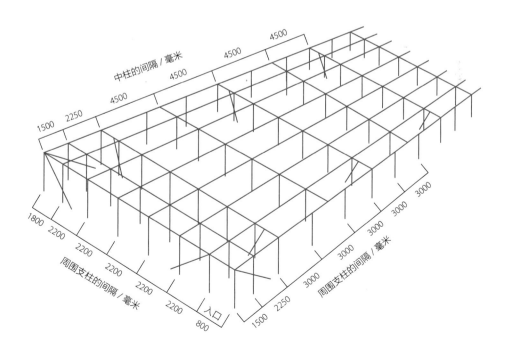

图 8-14　露地无花果园的设计案例（只显示主要的支柱、斜支柱、横梁，外川　供图）

◎ 安装引缚线

中柱上要安装固定宽 60 厘米左右引缚线的钢管。安装的高度结合栽培者的身高，在离地高 1.2~1.5 米处安装 1 根，在中段 0.8 米左右再安装 1 根，这样上下共 2 层。上下 2 层引缚的结果枝就能被牢固地固定住了（图 8-15）。引缚线使用聚酯纤维塑料绳或乙烯塑料绳。

◎ 设置防鸟网、防风网

架上要设置防鸟网（网目直径在 30 毫米以下），在周边设置兼有防风功能的网目直径为 4 毫米的稍密网。但是，因为采用这种方式在刮台风时架有被破坏的危险，所以要设计好能取下的网。

易受强风吹的果园需要另外设置防风林，或者安装防风专用的架子。

图 8-15　安装了 2 层引缚线的钢管（箭头处）

（真野隆司）

◎ 蓬莱柿的开园

（1）**从开始时只栽植永久树**　蓬莱柿的株行距为 7 米 × 7 米（平均 1000 米^2 栽植 20 株）或 10 米 × 10 米（平均 1000 米^2 栽植 10 株）。在开园初期翻倍栽植，初期产量虽然多，但是蓬莱柿生长发育旺盛，树冠扩大快，若对间伐树进行强修剪，会造成成熟期推迟、果实品质不良。还有，间伐晚了就会影响永久树的树冠扩大，所以从一开始就只栽植永久树，这样容易维持树形。

（2）**用有效土层厚 40~50 厘米的垄进行栽培**　无论是旱田还是水田转换园，原则上都是进行起垄栽培，要切实做好排水工作（图 8-16）。在水田转换园要把心土弄碎，起有效土层厚 40~50 厘米的垄。垄宽对应树冠的宽度，垄高 20~30 厘米，使地表水能快速排到果园外。如前所述，对排水不良的水田转换园，在做好暗渠的同时，对园地整体采取大范围的排水对策。

（3）**每个定植穴投入 4 千克堆肥**　为促进苗木的缓苗和生根，使树生长发育良好，就要投入有机肥、石灰、钙镁磷肥等以提高土壤的理化性质。平均每个定植穴施入 4 千克的堆肥，并与土壤充分混合。

（4）**准备浇水设施**　在玛斯义·陶芬的栽植中讲过，无花果栽培中浇水是不可缺少的。必须确保有需要浇水量的水源。

平坦地采用垄间浇水或用管道浇水，倾斜地用管道浇水。若进行覆盖，就需要预先把浇水管或塑料软管铺在地膜下。从梅雨期结束后到收获期，平均 1000 米^2 每隔 2~3 天就要浇 10 毫米左右的水（参见第 4 章第 53 页）。

图 8-16　原则上采用起垄栽培，要切实做好排水工作
有效土层厚 40~50 厘米

（5）**架设棚架**　棚架的构造可按照葡萄架和梨架进行设置，高 1.8 米，周围柱间隔 2.5~4.0 米，考虑园地条件和作业舒适性后再确定。拉线的最低间隔为 50 厘米，但是间隔越窄，枝条引缚越容易。

从整枝修剪的方便方面考虑，最好在开园时就架设上棚架。如果是在栽植后架设，也一定要在栽植 1 年内架设上。

无花果抗风能力很弱，所以开园时要设置上防风林或防风网等，采取充分的防风对策（图 8-17）。

图 8-17　因为无花果抗风能力很弱，所以开园时要设置上防风网等
（姬野　供图）

（粟村光男）

5 苗木培育的实际情况

无花果的繁殖方法有扦插、嫁接、压条等，但是通常是用扦插法来培育苗木。扦插成活率高，操作也很容易。

◎ 扦插育苗

（1）插穗的采取和贮藏　作为插穗的枝条，要来自以前没有发生过枯萎病和病毒病等的无花果园，从健壮充实的 1 年生枝上采取，把采取的插穗捆起来，放在排水性好、温度变化小的阴凉土壤中贮藏（图 8-18），或包在塑料袋中，放在 0~5℃的冰箱中冷藏。冷藏时，为了防止因湿度过大而产生霉菌或因干旱而枯死，用稍湿润的报纸直接把插穗包起来保持适湿的状态。在 2 月以后、3 月上旬之前采取插穗时就不需要长时间的贮藏，损耗也少。

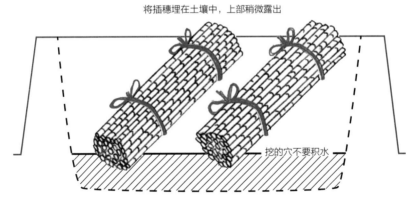

将插穗埋在土壤中，上部稍微露出

挖的穴不要积水

图 8-18　插穗的贮藏方法

（2）扦插时期和插穗的调整　在温暖地区，2 月下旬 ~3 月上旬扦插；在寒冷地区，因为可能有冻害，所以推迟到 3 月中下旬 ~4 月上旬进行。即使是在温暖地区，在内陆等温差大的地区晚一点扦插也有利于避免冻害。

把插穗尖端的 1/4~1/3 削除，切取 20 厘米左右充实健壮的部分（长 2~3 节）。上部在节间切断，避免芽干了，下部在易长出根的节的近下方切断，把插入土中的一头的两侧稍微削一下，方便扦插（图 8-19）。要削除插入土中部位的芽，不要使之长出蘖。

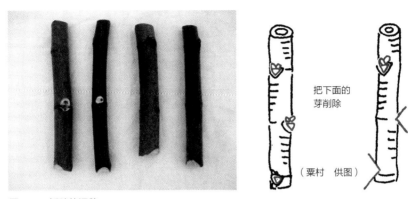

把下面的
芽削除

（粟村 供图）

图 8-19 插穗的调整
把插入土中的一头的两侧削一下，要削除插入土中部位的芽，防止长出蘖

（3）扦插苗床的条件 应选土地肥沃、排水性好、方便浇水的地块进行扦插育苗。栽培过无花果的地块，由于易遭受重茬地病原菌和线虫的危害，所以要避开。无花果尤其不耐线虫危害，前茬种植过甘薯和番茄等容易寄生线虫作物的地块也要避开。还要注意粗大有机物多的地块易发生白纹羽病，也要避开。

（4）扦插的方法 翻耕后，起宽 1 米、高 20 厘米左右的垄，做成扦插苗床。在土壤不肥沃的地块，要提前施上完熟的堆肥并和土混合。

约 30 厘米内插 2 根或 3 根插穗，使芽向上，保持顶端的芽稍露出地面一点、斜着插入土中（图 8-20）。为了防止插穗干了，可在插穗最上部的切口处涂抹黏着剂。插穗短时和干旱地区，可用接近垂直的方法进行扦插。如果是在寒冷地区，也可把插穗全部埋在地下。虽然发芽会推迟，但是能减轻冻害造成的枯死。

扦插后，在插穗周围轻轻地用脚踩一下。在扦插苗床上铺黑色的聚乙烯塑料地膜，防止干旱和杂草生长。

（5）扦插后的管理 刚发芽、展叶后的插穗特别不耐干旱，所以扦插后要铺上稻草并浇水以防止土壤干旱。在预计要降温时，把地上露出的部分盖上稻草等进行防寒。

发芽后要进行疏芽，留下 1 根新梢，使之笔直地向上伸展。从新梢的腋芽上发生的副梢会导致过于繁茂，所以要除去。但是如果从基部除去，第 2 年的芽就没有了，所以要留下 1 节后把其余的部分除去。进入 6 月后，在新梢也只伸展了 10 厘米左右的情况下，要进行追肥，每 1000 米² 施纯氮 2 千克，如果新梢伸展晚了，充实度就差，也不抗冻害。

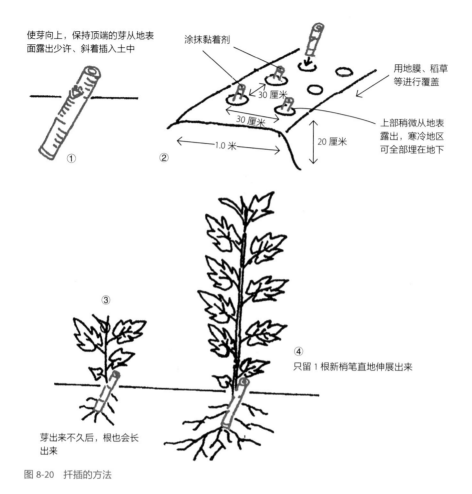

使芽向上，保持顶端的芽从地表面露出少许、斜着插入土中

涂抹黏着剂

用地膜、稻草等进行覆盖

上部稍微从地表露出，寒冷地区可全部埋在地下

30 厘米

30 厘米

1.0 米

20 厘米

①

②

③

④
只留 1 根新梢笔直地伸展出来

芽出来不久后，根也会长出来

图 8-20　扦插的方法

最终的目标是培育成长 1 米以上、基部直径在 2 厘米以上、副梢发生少、健壮充实的苗。该苗在第 2 年的 3 月上旬掘取、定植。培育期基本上需要 1 年。

（真野隆司）

◎ **嫁接育苗**

（1）**采用嫁接来应对枯萎病、重茬地的对策**　虽然采用的不多，但是近年来对于严重影响无花果生产的病害——枯萎病，有想使用抗性品种作为砧木来解决的方案。作为强化树势的对策（重茬地），已经有在玛斯义·陶芬的砧木上嫁接吉迪或蓬莱柿等树势强的品种的案例。

（2）**嫁接的步骤**　首先，用砧木的插穗进行扦插以繁殖砧木苗。一般使用当年的休眠枝作为插穗，但是因为也有很多砧木品种难以生根，所以不要使用枝条的尖端部分，也不要使用长时间贮藏的插穗。

其次，在这样培育好的砧木上嫁接玛斯义·陶芬或蓬莱柿等品种的接穗（1年生枝）。这时，如果使用直径为1厘米左右的充实的接穗，以后的发芽就会顺利地进行。如果是抗枯萎病的砧木，为了避免病原菌侵染接穗，就要把砧木部分弄得稍长一些（25~30厘米）。

有把调整好的有2~3个芽的接穗用切接的方法接在砧木枝的尖端，或者把调整好的1个芽的接穗用腹接的方法接在砧木枝的侧面等各种各样的嫁接方法。但要点都是使砧木的树皮和接穗底部接合的部分紧密接触，并在这一部分牢固地缠上胶带。在嫁接后虽然1年就可培育成苗，但是也可把刚嫁接完的苗挖出来，在本圃内定植。采用先把砧木挖出来，把接穗接上去之后再进行定植的顺序也可以。

（3）急用时采用嫩枝嫁接法　急于育苗时，也有给砧木伸展过程中的新梢接上接穗的方法，即采用嫩枝嫁接法。从梅雨期开始到夏季都可进行嫩枝嫁接，但是需要这个时期的砧木新梢充分伸展开。嫁接的方法和前面讲述的休眠枝嫁接相同，成活率也可以（图8-21）。和事前培育砧木的方法相比，用这种方法时虽然苗稍微弱一点，但是嫁接苗1年就能培育成。

图 8-21　嫩枝嫁接（细见　供图）

（细见彰洋）

◎ 谨防无花果萎缩病

在培育苗木时，必须注意无花果萎缩病。它是由无花果锈螨传播的无花果花叶病毒引起的。在已发病的植株中，病毒会潜藏在全部的枝条中，所以不要采用上一年有花叶症状的枝条作为插穗。想作为接穗利用时，要确认从发芽、展叶到梅雨期都没有症状出现才行。

（松浦克彦）

6 定植的实际情况

◎ 保护好根，浅定植

准备好定植穴（直径为 50 厘米，深 30 厘米左右），定植在 3 月中旬前就要完成。在定植时，要把根保护好，注意不要使之干旱。把受伤的根切去，留下健全的部分。在定植穴中根不要重叠，要向四方扩展开，保持根的尖端向下。为了使根和土充分接触，要边踩边覆土。栽植的深度以能确认生根的位置作为大致的基准，没有必要栽得太深了。定植后要浇足水，立上结实的支柱进行引缚（图 8-22）。

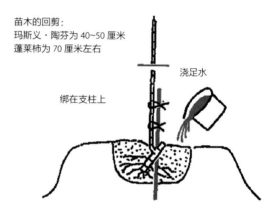

苗木的回剪：
玛斯义·陶芬为 40~50 厘米
蓬莱柿为 70 厘米左右

浇足水

绑在支柱上

图 8-22　定植时的管理

定植后，若为玛斯义·陶芬，采用一字形整枝及 X 形整枝，就回剪至主干高 40~50 厘米；若为蓬莱柿，采用自然开心形整枝及平架栽培的都是回剪至主干高 70 厘米左右。回剪时如果在靠近芽的上方剪切，切口就干了，伸展就很差，所以从节间的中部进行回剪，在切口处立即涂抹黏着剂。

（粟村光男）

◎ 在场圃内通过直插法开园

（1）多数苗木直接在场圃内育成　栽培时，无花果需要的苗木比一般的果树需要的都多。即使采用一字形整枝，平均 1000 米^2 也需要 125 株。在后面介绍的超密植的情况下是这个密度的 2~5 倍，即需要 250~625 株。

虽说无花果通过自己进行扦插繁殖比较容易并且价格便宜，但先确保有育苗场所、育苗及栽植需要的劳动力。不过，在本圃进行扦插并培育成树时，这些问题就可解决。另外，计划制订后也能立即开园。

（2）直接扦插培育的树生长发育快，产量也高　直接扦插培育的树（简称直插树），因为不用定植，根不会受伤，所以比苗木定植育成的树（简称苗木定植树）生长发育更好（图 8-23、表 8-2）。直插树比苗木定植树的果实收获开始时间约提前半个月，收获果数则是苗木定植树的 2 倍左右，平均每株树的产量也多。直插树的果实也比苗木定植树的大。对于果实的开裂程度，直插树比苗木定植树的大，苗木定植树的果皮颜色稍好一点，但它们的糖度没有显著差异（表 8-3）。

图 8-23　直插树（左）和苗木定植树（右）
生长发育的差别就像图中看到的那样，直插树长得好，产量也多。地表覆盖的是防草垫

表 8-2　玛斯义・陶芬苗木的培育方法对生长发育的影响（2008 年）

试验区	干径 / 毫米	新梢长[2] / 毫米	节数 / 节	副梢数 / （根 / 株）	枝径[3] / 毫米
直插树	48.3	181.8	39.0	6.9	35.1
苗木定植树	31.3	81.8	25.8	0.1	20.5
差异显著性[1]	**	**	**	**	**

① 差异显著性中，** 表示 1% 水平的差异（Tukey 检测）。
② 发芽后进行疏芽，调整成 2 根 / 株。
③ 测定新梢基部的直径。

表 8-3　玛斯义・陶芬苗木的培育方法对果实的收获和品质的影响（2008 年）

试验区	收获开始时间	坐果开始节位	收获果数 / （个 / 株）	产量 / （克 / 株）	单果重 / 克	裂开长度 / 毫米	裂开宽度 / 毫米	果皮颜色[2]	糖度 （%）
直插树	8 月 31 日	4.5	34.8	2986	86.1	11.7	6.1	7.1	15.2
苗木定植树	9 月 17 日	5.5	16.5	982	60.7	4.2	1.9	7.8	15.7
差异显著性[1]	**	N.S.	**	**	**	**	**	*	N.S.

① 差异显著性中，N.S. 表示无显著差异，* 表示 5% 水平的显著差异，** 表示 1% 水平的极显著差异。
② 果皮颜色值根据中川等（1982 年）做成的果实色卡值计算。

（3）要注意扦插后的干旱　为了使插穗更好成活，可采用滴灌、塑料软管等少量勤浇。无花果的插穗虽然很容易成活，但是发芽比生根快，刚发芽之后如果土壤干旱，生长发育就变差，再加上也有不成活的，所以就需要准备一些预备苗。扦插后，覆盖上有透水性的防草垫等进行管理会更加省力（图 8-23）。

7 定植第 1 年的管理

◎ 苗木要彻底回剪

对定植的苗木或者直接扦插培育 1 年而成的苗木进行回剪，剪至主干高 40~50 厘米（图 8-22）。

苗木回剪时，总认为是好不容易培育成的苗，往往舍不得下剪，也就达不到预定的目标，甚至出现变样的树形，如有时主枝位置变高，硬是用力向下拽使主枝的位置比主干低，就会呈波浪状起伏，留下不像样的树形。所以，下定决心回剪是很重要的。

（真野隆司）

◎ 通过疏芽准备好主枝候补枝

无花果的发芽期（4 月下旬）比苹果和梨等稍晚一些，但是会从苗木的各节上发芽、展叶，当发芽的新梢有 3~4 片叶时就要进行疏芽，减少到主枝需要的数量（图 8-24、图 8-25），但要再留 1 根作为候补枝。

如果是一字形整枝，在枝条的引缚完成时缩减到和最终的方向一致的 2 根枝条。留下的芽比主枝的位置稍低，高度在 20~30 厘米，选择相对于主干发生角度广的新梢。

图 8-25 疏芽后的苗木

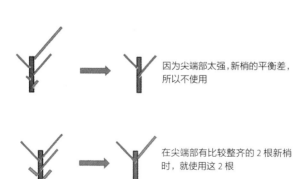

因为尖端部太强，新梢的平衡差，所以不使用

在尖端部有比较整齐的 2 根新梢时，就使用这 2 根

图 8-24 疏芽的方法

无花果的枝条很脆，把主枝按倒进行水平引缚时主枝的基部易开裂。为此，作为主枝候补枝的新梢要留出 1 节以上。

◎ 主枝的培育

（1）伸长到 30 厘米左右时向相对水平方向呈 45 度引缚　新梢（主枝候补枝）伸展到长 30 厘米左右时就下垂，有的被风一吹就会从基部折断。因此在水平方向上立上呈 45 度的支柱进行引缚。把基部 15 厘米左右横拉后再呈 45 度方向引缚，第 2 年引缚主枝时就不易开裂了。

（2）相对于垄呈 20 度进行引缚　一字形整枝时，候补枝的引缚不是向和垄相同的方向进行，而是以稍倾斜的方向（与垄呈 20 度角）进行（图 8-26）。候补枝引缚完成时，备用的新梢就可从基部切除。

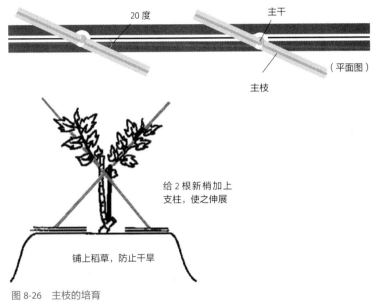

图 8-26　主枝的培育
与水平方向呈 45 度立上支柱进行引缚，与垄的方向呈 20 度使之伸展

另外，向支柱上引缚候补枝时，细绳在主枝上不能缠得太紧，把新梢和支柱用"8"字形系住，新梢长粗时细绳不易勒进新梢内。

（3）蘗、副梢、主干顶部的处理　从植株基部发出的蘗或新梢的背面又发出的副梢，应从基部摘除。从其他的部位发出的副梢，在留下基部约 3 片叶后进行摘心。第 2 年，如果从基部摘除结果枝应发出位置的副梢，下一年这个位置就不出芽了，所以要注意。

因为主枝发出后，其所在位置以上的主干部会干枯，所以在 6 月进入梅雨期后就要切除（切掉多余部分）。为了保护和防止切口干旱要涂抹上黏着剂。另外，如果在紧靠主枝的发生基部处剪切，就会损伤新梢，这一点也要注意。

◎ 土壤管理、施肥

在水田转换园，因为还残留着水田的氮成分，所以即使是 2~3 年不施肥，植株也能充分地生长发育。而对于沙质土壤，因为含氮成分比较少，所以从栽植的第 1 年就要根据树势的生长情况施肥。即栽植后有 2~3 片叶时，如果叶色稍微变浅了，就在植株的周围施复合肥 20 克左右，从植株向外 30 厘米左右的地方环状撒施。另外，新梢伸展出来后的 6~7 月同样要进行追肥。

幼苗期的无花果的根伸展弱，特别不耐干旱，水分不足时生长发育就会被抑制。为防止干旱，在植株周围覆盖稻草，这时植株基部不要覆盖，应稍空出一点，以防植株基部过湿。如果晴天持续，浇水就要早而勤，保持土壤的干湿度在较小的范围变动。在春季也是，如果晴天持续，要观察土壤的干旱程度，适时浇水。因为梅雨期结束以后高温、干旱会进一步加剧，所以如果晴天持续 2~3 天就要进行浇水。

◎ 病虫害防治

在无花果的病害方面，阴雨天多时要特别注意多发的疫病和锈病。

在无花果的害虫方面，要注意桑天牛。桑天牛成虫在新梢基部产卵，孵化的幼虫边取食边向枝条较粗的方向爬。因为这是大型天牛，侵入苗木后危害就很大。

要注意叶螨类的危害，特别是少雨的时候。梅雨期结束后气温上升，危害也急剧地增加（关于病害虫的防治方法请参考第 6 章）。

◎ 防止冻害发生

玛斯义·陶芬顺利生长发育的情况下，在定植第 1 年主枝候补枝会生长到长 1.5 米以上，它比成年树落叶晚，枝条虽然很粗，但是不怎么健壮。这种定植 1~2 年的树耐寒性很弱，需要注意防止冻害的发生。在全年温暖的晚秋和暖冬年的早春，它的耐寒性更弱。在温暖地区以外的地区就要用稻草包住主枝和主干部，从落叶的 12 月上中旬开始，这时枝条的尖端还没有回剪。

如果在冬季对候补枝进行水平引缚，则会使枝条接近最寒冷的地面，冻害加剧，所以应在春季（进入 4 月之后）进行水平引缚。

对于覆盖的稻草，要在那个地区不用再担心晚霜发生的 4 月中下旬以后进行去除。芽稍微鼓起来在变绿之前还可覆盖着，但芽稍长后就容易被伤到，所以在此之前就去除稻草。在这之后若有发生晚霜的危险时，可在主枝上面搭上稻草进行应对。

（松浦克彦）

◎ 蓬莱柿定植第 1 年的整枝管理

如前所述，对苗木在地上约 70 厘米处进行回剪。从发生的新梢中选择树势、角度、方向好的 2 根作为主枝候补枝，固定到架子上使之沿架伸展。第 1 主枝和第 2 主枝的间隔越小，两者的长势就越均衡。主枝的分叉角度相对于主干呈 45 度（图 8-27）。通过扭枝等抑制主枝候补枝以外的枝条伸长。

因为主枝候补枝顺利生长发育时，会比架面伸展得更高，所以要在新梢还没有硬化时小心地引缚到架面上。这时使尖端部稍微斜向上立着。蓬莱柿的枝条粗且硬，如果枝条硬化后再向架面上引缚，枝条就容易折断或开裂。

冬季修剪时，在除去主枝尖端不充实的绿色部分的位置对主枝进行回剪。回剪尖端的芽作为横芽。但是主枝伸展差时或者枝条的尖端呈茶褐色且不充实时就不要进行回剪，要把第 2 年从尖端的顶芽上发生的新梢作为主枝的延长枝。把主枝以外的枝条从基部剪除。

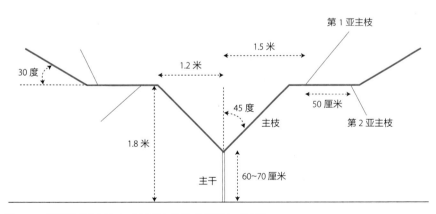

图 8-27　蓬莱柿平架栽培（2 根主枝）的构成（粟村　供图）

（粟村光男）

8 定植第 2 年的管理

◎ 主枝尖端的回剪

除去防寒材料之后，从尖端向下约 1/3
处进行回剪。但是在冬季树皮和芽变为褐
色且干枯时要回剪到健全的部分。回剪后
枝条尖端部的芽，在扭主枝的同时进行引
缚，使芽变成横芽甚至稍向下的芽。

◎ 主枝的引缚

图 8-28 在分叉处用捆包带系好，以防止主枝折损

在一字形整枝、X 形整枝中，要把上
一年伸长的主枝按倒进行引缚。按倒时进
行调节使主枝水平或者主枝尖端部略微高
一点。但如果把主枝按倒成拱形，结果枝
就不整齐了，所以要注意。另外，如果不
慎重进行引缚，主枝就会开裂。特别是上
一年生长发育好的枝条较粗时，很难一次
引缚成功，要分几次按倒。在树液开始流
动、枝条易弯曲的 4 月以后引缚。

具体做法如下：为了防止主枝的折损，
先用结实的捆包带等把相邻的主枝呈 8 字
形系住（图 8-28）。然后，与水平呈 20 度
角按倒之后，每隔 2 天左右按倒 1 次，以
后再按倒至水平状态。这时，在内侧部分
向与枝条垂直方向往里锯（锯的深度为枝
条直径的 1/3~1/2），锯上几处后枝条就容
易弯曲了（图 8-29）。弯曲之后在表面涂

图 8-29 在弯曲的腹侧用锯向内部锯一下（上图），锯
的深度为接近枝条直径的一半，要锯上几处（下图）

抹黏着剂。

因为锯入的部分弯曲形成层间要相接，需 1 年左右才能愈合。弯曲时要缓慢地、稍扭着进行（图 8-30）。尽管想顺利地弯曲，但是有的也会在第 2 天折断，所以不要用力地弯曲，慎重地增加锯口的数量。

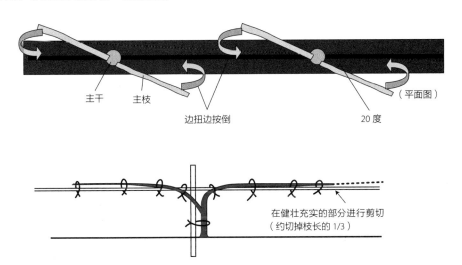

图 8-30　把主枝边扭边按倒，水平引缚

◎ 第 2 年也要认真疏芽

（1）以 20 厘米的间隔配置结果枝　主枝尖端的芽成为第 2 年（定植第 3 年）的主枝候补枝，比这个芽再靠近基部的芽，成为今年（定植第 2 年）坐果的结果枝。使用横向的芽、斜向下的芽作为结果枝。因为主干附近的枝条容易变强，所以尽量使用斜向下的芽。向上的芽容易变强，使树形变乱，所以要去掉。留下的芽的一侧间隔为 40 厘米，左右交替以 20 厘米的间隔进行配置。因此，平均 1 米主枝配置 5 根结果枝。

（2）把上芽和主枝分叉部附近的芽全部摘除　上芽应尽早地在发芽时就疏掉。这时为防止发生副芽，用小刀削除至稍深的部位。到了 5 月中旬也要疏芽，疏到最终想留的根数。2 年生树会发出很多芽，这期间分 2~3 次疏芽。另外，主枝基部的芽靠近主干，每年易发出过强的结果枝，从分叉部向上到 30 厘米左右发生的芽要全部除去。

◎ 主枝延长枝的管理

主枝延长枝和 1 年生树一样，与水平呈 30~45 度角引缚。第 2 年，因为不用担心分叉部开裂，所以沿着主枝伸展的方向引缚。因为发生副梢，所以不用摘心。

另外，结果枝的引缚、摘心，用和成年树相同的方法即可。生长中的 2 年生树如图 8-31 所示。

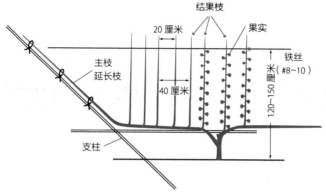

图 8-31　2 年生树的树姿（模式图，部分果实被省略了）

◎ 病虫害防治等

因为在定植的第 2 年果实的收获就开始了，所以在第 1 年防治的基础上，也要防治危害果实的蓟马类。如前所述，在坐果后 15~20 天，即幼果的果孔张开的时期（果实横径为 25~30 毫米）进行第 1 次防治，这个阶段的幼树比成年树坐果开始的晚，也不整齐，所以要根据坐果开始的时间进行防治，防止过早防治浪费药剂和劳动力。其他病虫害的防治参照定植第 1 年。

其他管理和上一年一样，进行地膜覆盖和浇水。

（松浦克彦）

◎ 蓬莱柿定植第 2 年的整枝管理

主枝的上芽和下芽要尽早地疏掉，并交替配置从主枝的侧面发生的新梢。对主枝延长枝以外的枝条进行扭转，与主枝呈直角引缚，使之长势不要太强。对主枝的延长枝进行引缚，使之笔直地伸展，使尖端部分从架面斜向上方立着。

冬季修剪时，和第 1 年一样，在健壮充实的位置回剪主枝延长枝，向架面斜向上方 30 度角进行引缚。

主枝上的延长枝以外的新梢（以下称结果母枝）以疏枝修剪为主，把和主枝延长枝竞争的枝、轮状枝、从主枝上面长出的枝条等疏除。留下的结果母枝，作为提高初期产量的临时亚主枝或侧枝利用，所以要调整角度进行引缚，使之不要长势太强了。

（粟村光男）

9 定植第 3 年及以后的整枝管理

◎ 玛斯义·陶芬的管理

和上一年一样，把主枝的延长枝尖端回剪 1/3 左右。主枝延长枝的结果枝留下基部 2~3 个芽后，把其余的剪除，作为结果母枝。

只有 1 个芽的情况下，要比通常的回剪留得长一些，这时主枝还较细，从基部发出的粗结果枝，就会和主枝延长枝相竞争。可以搁置一阶段，使结果枝能变得稍微稳定一些。这时，希望留下的芽能朝向外侧。确定留下的芽后，就在下一个芽的位置进行修剪（图 8-32）。

在这之后，从结果母枝上发出的结果枝，留下枝条基部的 1~2 个芽后进行修剪。若主枝的尖端和相邻的树相接，树形就完成了。以后每年对结果母枝进行反复修剪。

另外，主枝延长枝的回剪，也会因急于成园而使最终的回剪不彻底，往往主枝留得过长。因为只有在主枝尖端附近才能得到好的结果枝，所以需要彻底修剪。

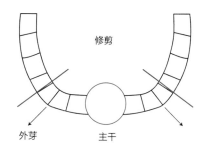

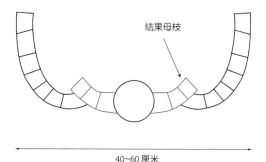

图 8-32 定植第 3 年，最初的结果母枝的修剪
修剪时使留下的芽朝向外侧。确定留下的芽后，在下一个芽的位置进行修剪

（真野隆司）

◎ 蓬莱柿的管理

和第 2 年一样，把从主枝的侧面发出的新梢左右交替地留下。在尖端部比其他结果母枝配置更多新梢。对主枝延长枝进行引缚，使之笔直伸展，使尖端部从架面上斜向上

立着。

从第 3 年开始配置亚主枝，对从主干 1.5 米以上的主枝的侧面或下侧面发出的新梢，相对于主枝呈 90 度角进行引缚，不能使它比主枝强。第 2 亚主枝选自离第 1 亚主枝 50 厘米以上的枝条（图 8-27）。亚主枝一定要从主枝的架面上向上的部位选取。从侧枝发出的新梢，所需要的新梢以上的都要去掉。

在冬季修剪时，主枝的尖端部要比另外的部分多留结果母枝。另外，使主枝尖端立着进行引缚，使之总是保持强壮。

主枝、亚主枝及侧枝上的结果母枝，以疏枝修剪为主，原则上不回剪。利用从结果母枝尖端发生的新梢，则树势保持稳定，果实的成熟期也早。为了不要妨碍主枝和亚主枝的生长发育，还有也为了防止修剪后的切口过大，在能确保亚主枝候补枝时，及早从基部剪除暂定的亚主枝和侧枝。

（粟村光男）

第 9 章

新树形、
新栽培技术

无花果栽培，现在把防止冻害、高品质化、早期成园、省力化等作为目标，采取了各种各样的方法。有些还在开发改进中，在这里介绍以下几种方法。

1 可省力栽培、早期成园的新树形

◎ 玛斯义·陶芬的高主枝栽培

通常，一字形整枝主枝的高度在40~60厘米，但是有人指出主枝背部的耐寒性弱，现在正探讨着提高主枝的培育方法。

现在，若把主枝提高到1.2~1.8米，主枝背部的最低温度比之前高度时要高2℃左右，确实能减轻冻害（图9-1、表9-1）。

表9-1　主枝的高度给冻害发生带来的影响（2009年）

主枝高度／米	萌芽率[①]（％）	新梢长度[②]／厘米	枯死率（％）
0.6（习惯）	2.4	—	100
1.2	47.6	14.5	66.7
1.8	83.8	27.8	0

① 萌芽率：在1年生枝上的芽中，萌发的芽所占的比例。
② 新梢长度：6月4日调查时的长度。

图9-1　主枝的高度不同引起的冻害差别
若把主枝高度提高到1.2~1.8米，主枝背部的最低温度比之前高度时要高2℃左右，抑制冻害的发生

即使是高主枝的树形也不耐极端的低温，但是能防止一定程度的冻害，作为减轻冻害的技术值得期待。同时，因为结果枝的受光态势也很好，所以果实品质也有望提高。

以前的一字形整枝对结果枝进行垂直引缚，若主枝高1.2米，需把新梢相对于水平呈45~60度角稍斜着引缚；若主枝高1.8米，需把新梢相对水平呈10度角稍斜着引缚（图9-2）。今后，还要结合作业舒适性、防止冻害和果实品质提高效果等进行探讨研究，确立更好的技术措施。

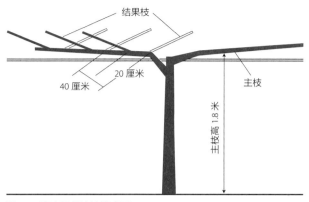

图 9-2　高主枝栽培的模式图

（松浦克彦）

◎ 树体联合培育法

树体联合培育法，就是把主枝向一个方向引缚，把相邻的树的枝条连接起来形成直线状的集合树的新培育法，采用这种方法有望早期成园，栽培管理省力化、简易化。

无花果的树体联合培育法中，第 1 年进行苗木的制作和培育，培育成主枝只有 1 根新梢。第 2 年春季，在地上 40 厘米的高度将主枝水平引缚，使主枝的尖端和邻接树的主枝连接（图 9-3）。若采用主枝连接，用 1.2 米左右的间隔栽植苗木，连接主枝的当年树形就可完成，也能开始果实的生产。

无花果的土壤病害中，枯萎病是个大问题，利用抗性砧木的嫁接栽培备受关注。为了抑制病害的感染，砧木最好长一点，传统的培育方法中主枝的位置容易变高。如果是树体联合培育法，把苗木斜立着栽植就能把主枝高度降低，即使是嫁接苗，也能在早期扩大树冠，枝条的配置和一字形整枝一样，作业舒适性良好。

需要注意的是，病害有可能从连接的部位传播到相邻的树上。为此，就需要使用健壮的苗木。

这是一项新的技术，需要解决栽植间隔窄了造成的树势容易旺盛等问题，今后技术还将进一步改良。

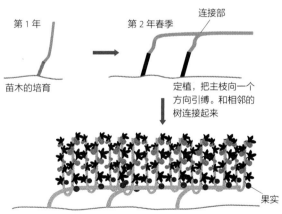

树体联合培育法的完成（从苗木培育的第 2 年就能收获）

图 9-3　无花果树体联合培育法

（鬼头郁代）

◎ 蓬莱柿的平架 H 形整枝

（1）探究更省力的栽培方法　蓬莱柿的树势强，容易长成大树，为了使它低树高化、产量稳定、高品质化、省力化，平架栽培正在扩大。通常的平架栽培，株行距为（7~10）米 ×（7~10）米，配置 2~3 根主枝，在每根主枝上再配置亚主枝、侧枝（图9-4）。和自然开心形的立树栽培相比较，这种平架栽培作业时连梯子也不需要，省力，但是由于新梢（结果枝）在架面上不规则地配置，所以枝梢管理和收获作业就更费力。特别是收获时，为了不漏掉果实，就需要一根一根地查看结果枝，比玛斯义·陶芬的一字形整枝需要更多的劳动力。

因此，为了打造更省力化的树形，开发出了平架 H 形整枝法。

（2）采用葡萄的短梢修剪法　平架 H 形整枝中，可应用葡萄的短梢修剪。株行距为8 米×4 米，把主枝整理成 4 根成 H 形，在各长 4 米的主枝上左右交替以 20 厘米的间隔配置结果枝（图9-5）。树形完成后，每年在冬季修剪时对每根结果母枝都留下 2 个芽后回剪。从此发出的新梢（结果枝），留下 1 根后把其余的疏除。将留下的结果枝以和主枝垂直的方向引缚到架面上。这样做可以使修剪和新梢管理单纯化，同时因为结果枝在架面上配置规则，作业移动路线直线化，更为省力（表 9-2）。

图 9-4　蓬莱柿的平架自然开心形整枝

图 9-5　蓬莱柿的平架 H 形整枝

表 9-2　蓬莱柿不同整枝法对作业舒适性的影响（野方等，2010 年）

整枝法	平均 1 个果实的收获时间 / 秒	平均 1000 米² 枝梢管理的作业时间 / 小时		
		疏芽	新梢引缚	修剪
平架 H 形	2.9	3.9	12.4	5.2
自然开心形	6.0	5.1	23.8	17.2

注：两种树形都是将结果母枝留下 2 个芽后回剪。

由于平架 H 形整枝每根结果枝都是留下 2 个芽后回剪，所以新梢的生长发育容易变得旺盛。结果是有的果实品质变差，有的成熟期推迟。如果遇到这样的情况，在 7 月下旬时留下 15 节左右进行摘心。对于树冠扩大途中的幼树，要根据树势适当增减施肥量。

（粟村光男）

2 引起关注的新栽培技术

◎ 主枝更新栽培

这是一种利用几乎不回剪原先的长结果枝（上一年的枝条），对主枝每年进行更新修剪的方法。这种技术是由大阪府开发的，又叫"更新修剪"。

在以前的修剪中，对结完果实的结果枝进行回剪时留得很短，而这种方法是将部分结果枝以原先长度留下，弯成适当的角度作为主枝利用（图9-6）。通过这样做，通常半永久性地留下主枝，每年用嫩枝更新。受冻害或被天牛损伤的主枝也能每年进行更新。

另外，由于灵活运用长枝，发芽可提前 1~2 周，果实的成熟也提前。粗的主枝等的木质部损耗减少，树的生产效率提高，果实变大等都是它的优点。

每年要把主枝砍掉，还不能使树势减弱，虽然还不清楚这种修剪能够持续多少年，但是因为不需要采用特别的器具，从

图 9-6　采用主枝更新修剪的一字形整枝的无花果园（细见，2012 年）

原来的整枝向新的方法切换时产量没有损失，也可以说是现在就能立即采用的技术。

（细见彰洋）

◎ 玛斯义·陶芬的超密植栽培

（1）2~3 年就能达到成园的产量　通常无花果需 4~5 年能成园，而密植开园后

2~3年就能取得成园的产量。这种栽培法，除有利于早期成园以外，还可用于重茬地土壤的树势强化，以及在受冻害后地上部都枯死的情况下作为恢复对策。

（2）**以0.8~2.0米的株距栽植** 确定栽植间隔（株距），这种栽培方式中最重要的是株距留多少。

为了提高作业舒适性和下位节的着色，就原样地确保一字形整枝法的行距，为2米左右。而株距若为0.8~2.0米，就是以2~5倍的密度栽植，具体用多大株距，要参考各园地的土质和场圃条件，判断依据大致见表9-3。特别是新植园由于树势容易变强，所以株距留得宽一点为好。但是，在把培育的主枝候补枝按倒时，主枝就把株距扩展满了，把扦插后2年树冠扩大终结的间隔作为株距。确保第2年有预定的坐果数（平均1米有5根主枝）。

表 9-3　超密植栽培中栽植时确定株距的判断依据

株距 / 米	有无改植	排水性	土层深度	土质	土地类型	冻害的发生	传统的株距
0.8~1.6	改植地	不良	浅	瘠薄地	水田	多	4 米以下
1.6~2.0	新植地	良好	深	肥沃地	旱田	少	6 米以上

（3）**整理成2根短主枝的一字形整枝** 如果栽植间距确定了，在所定的位置直接扦插培育植株（参照第8章的"在场圃内通过直插法开园"）。对缓苗的植株进行疏芽，使1根新梢直着向上生长。

以后的整枝法和通常的一字形整枝法完全一样，整理成很短的2根主枝的一字形的树（图9-7）。为了提高结果枝品质，也和一字形整枝一样以20厘米的间隔交替配置（主枝一侧的间隔为40厘米，平均1米有5根主枝）。因此，若株距为0.8米，平均1株树有4根结果枝，几乎都是只有主干的植株。

超密植栽培的树，比传统栽培的树势变强了（图9-8）。特别要控制氮肥的施用。另外，蓬莱柿等树势强的品种不适合用超密植栽培。

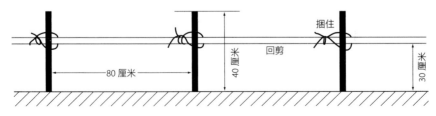

栽植第 1 年
捆在直径为 19 毫米的直钢管上（第 2 年提高到 40~50 厘米）

图 9-7　超密植栽培的培育方法

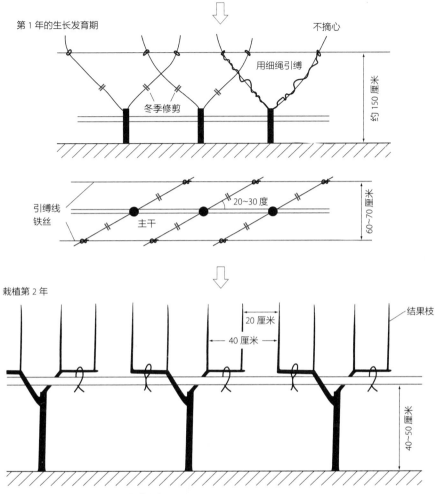

图 9-7　超密植栽培的培育方法（续）

图 9-8　超密植栽培的树行

株距为 0.8 米，几乎只有主干的植株

（真野隆司）

附　录

附录A　无花果果实的加工、销售技巧

◎ 果酱、果干的制作方法

无花果含有很多的糖和果胶质，还有很多不定型的东西，所以很柔软。还含有花色素等功能性成分，但是缺乏有机酸和香气。用它制作以果实为主的加工品如果酒和果实饮料就不算很适合。

无花果代表性的加工食品有果酱类、腌渍品、果干。果酱、果干也是制作面包、蛋糕类等应用范围很广的基本加工材料。每一种无花果的加工食品都有各种各样的做法，这里只列举基本的方法。关于果干，讲解最近作为加工食品被大量商品化的无花果糖果的制作方法。

（1）果酱　果酱是无花果加工品中有代表性的产品，以前也用作草莓果酱的增量剂，近年来只使用无花果制作的果酱被开发了出来。

另外，最近的很多果酱超过了以前果酱的概念，如控制加糖的量，尽量地留下果实的形状，短时间内制作完成以引起人们的新鲜感等。

更进一步，以法语中表示果酱的"Confiture"为名，增加了新鲜感附加值的果酱也登场了。"Confiture"本来的意思和果酱完全一样。不过，它的制作要用砂糖浸出果汁，只熬制果汁后再腌渍果肉，完全留下了水果的形状，也有加入蔬菜、坚果、香辛料、香草、甜香酒等水果以外的要素而制成的商品。糖度稍低，以"能享受到水果风味的腌渍品"这一印象销售。

果酱能比较简单地、大量地制造、贮藏性高，并且能作为点心材料利用等，应用范围很广。为此，在各地有很多制造的，可以说在无花果的各个产地都有多种果酱（图A-1）。

图 A-1　日本各地的无花果果酱商品

- **基本的制作方法**

1）材料。完熟的无花果（果肉呈鲜艳的红紫色的无花果，也可用过熟的无花果）10千克、砂糖3千克、柠檬酸50克。

2）制作工艺。

①调制。除去无花果的果梗部等不需要的部分。因为有的在果顶部有霉菌和虫子，所以一定要认真检查。洗净剥皮，轻轻捣碎放到锅里。

②加热。加入柠檬酸和一半的砂糖后加热至沸腾，煮时不断用勺子舀出浮沫。

③浓缩。沸腾后大约10分钟，把剩余的砂糖加入，观察着果酱的状况，煮到糖度到50%时，煮好时大约重10千克。

④充填。把果酱充填到预先洗净、杀菌的瓶中。

⑤杀菌。把瓶密封，水浴杀菌。以80℃水浴20分钟为大体目标。

⑥冷却。因为如果直接浇上冷水，瓶子会炸裂，所以在冷到一定程度之后再用冷水继续冷却。

⑦包装、贴标签。做好包装并贴上标签。

3）要点。很多其他的果酱会加入果胶，但是无花果果酱不需要加。另外要注意，如果不使用在树上熟了的果实，颜色会变浅。由于果皮含有很多花色素，所以带着果皮的果酱颜色很鲜艳，花色素含量也很丰富，但附在果皮上的伤或异物有时会成为索赔的对象。

加热时间越长，褪色就越厉害，所以加热的时间不能太长。

果酱本来就是贮藏食品，以长时间贮藏为目的。日本农林标准（JAS）的果酱标准为糖度是40%以上，但是近年来也有糖度不到40%的低糖度果酱销售着。这些商品的保质期短，有的需要冷藏。

（2）烘干果实（果干）、糖果　早在公元前，地中海沿岸就有栽培无花果的记录了，即使是现在这些地区还大规模地生产着无花果，并出口以果干为主的加工品，日本也进口了很多。近年来，有了日本产的果干，也开始生产不使用添加物的果干了（图A-2）。

另外，把果实煮后再烘干的"糖果"在日本各地销售并得到了很高的评价。这种糖果有的用作点心材料，有的加上表面涂层制成巧克力等，应用范围也很广。

图A-2　无花果果干的制作（上图）和商品（下图）

- **基本的制作方法**

1）材料。完熟的无花果（没有开裂、完熟并且稍硬的果实）5千克、砂糖1千克、柠檬酸20克、水适量（加入红葡萄酒会使风味更佳）。

2）制作工艺。

①洗净。把果梗的部分切掉等进行调制，可以剥去果皮也可以不用剥。

②加热。把无花果放在锅里，加入其他材料之后，加水至没过无花果，然后边加热边用勺子舀出浮沫，不要搅拌，煮1小时左右停火，在锅里原样冷却。

③浓缩。一边用勺子舀出表层的浮沫一边煮，煮1小时后放置，这样反复进行2~3天。

④烘干。煮到想要的浓度时，冷却后放入竹篓中滤掉多余的汁，然后放在纸上晾干到想要的硬度。在阳光下晾2~7天，再用烘干机烘12~24小时。因为温度高了就会发生褐变，所以要在60℃以下烘干。

⑤包装。烘干后进行包装。

3）要点。可以剥去果皮，也可以不剥，剥了皮的色泽鲜亮，但是风味也稍变弱。

不要使糖液过度沸腾。为了干净，要小心地用勺舀出浮沫。烘干成松软、半干的糖果，这样的口感评价最高。

◎ 果泥的制作方法

从冷冻果泥到二次、三次加工。近年来，随着产地的增加和商品化的推进，除了果泥，又有各种各样的制品被开发出来，如点心、色拉酱、果冻、冰淇淋、羊羹等（图A-3）各种各样的无花果加工食品增多了起来。

图A-3　各种各样的无花果加工食品

上图从左上到右为纸杯蛋糕、无花果奶油蛋糕、点心棒；下图从左到右为无花果糖果、色拉酱、羊羹

如果这些食品是日本本地产的，尽量减少添加物等的使用，即使保质期短也能流通。但是，对贮藏性低的无花果果实进行处理、加工就会有很多的困难。因此，把无花果的果实预先一次性加工成果泥等，就能简单地进行二次、三次加工，有助于新产品开发。

在兵库县，将无花果的果实经剥皮等一次处理后进行冷冻贮藏，把它们在农闲期加工成果泥再冷冻，就可以周年供给，开发各种各样的加工食品（图A-4）。

- **基本的制作方法**

1）材料。洗净且调制好的完熟无花果（果肉呈鲜艳的红紫色果实，过熟的果实也可以）10千克。

2）制作工艺。

①调制。把无花果的果梗部等不要的部分去除。因为果实的果顶部有霉菌和虫子，所以要仔细检查。洗净后剥皮、轻轻捣碎或切断后放到锅中。

②加热。加热到沸腾，一边快速加热一边用勺舀出浮沫。

③充填。充填到贮藏容器中。

3）要点。虽然是根据加工用途进行调制，但是要把果实调制得小一点，以期能用很短的时间就能加热。加热会导致褐色或冻胶化，味道也会变差，所以加热时间要尽可能短。由于这样制作后糖度低，杀菌也就不彻底，长时间贮藏时需要冷冻。如果制作的加工食品确定了，就可根据食品来调整调制方法和加热时间。

图 A-4　无花果的果泥制作（上图）和将它冷冻贮藏的状态（下图）

（小河拓也）

◎ 收获后冷冻，等待以后进行加工

因为无花果柔软，容易腐烂，作为加工原料利用时，最好在收获后立即剥皮冷冻起来。但是，由于收获期很忙，往往抽不出加工的时间。因此，最好先冷冻并尽量使果实之间不要粘在一起，以后再用热水浸泡剥皮。这样做就可减轻在繁忙期剥皮花费的劳动力（图 A-5）。

在福冈县培育成的新品种丰蜜姬，有甜味强、果肉细密、果汁多的特征。用丰蜜姬的果实加工成的果酱"Confiture"的颜色鲜艳、有光泽、味道也很香。还可作为其他加工食品的原料再利用。

预计今后适合加工的无花果的需要也会越来越多。

图 A-5　冷冻后再加工就能减轻繁忙期的加工劳动力（蓬莱柿）

在这些加工食品的利用中，要配置冷冻后再进行"Confiture"的加工、无花果果泥的加工等，因此和加工业者联合采取新的措施就变得更加重要。

（粟村光男）

附录B 有关无花果登记的主要杀菌剂、杀虫剂

表 B-1 ~ 表 B-4 中所列药剂在日本的登记信息截至 2020 年 10 月。

表 B-1 在无花果上登记的主要杀菌剂

药剂名及剂型	病害	稀释倍数	使用时期（收获前天数）	使用次数 /（次以内 / 年）	备注
波尔多液	枯萎病	2~4 倍	—	—	灌注植株基部
王铜可湿性粉剂	疫病	1000 倍	—	—	
嘧菌酯可湿性粉剂	疫病、锈病、疮痂病、黑叶枯病	1000 倍	收获前 1 天	3	
己唑醇可湿性粉剂	锈病	1000 倍	收获前 1 天	2	
戊唑醇可湿性粉剂	枯萎病	2000 倍	生长发育期（至收获前 1 天）	3	灌注
8- 羟基喹啉铜盐可湿性粉剂	疮痂病	600 倍	60 天	3	
可杀得 3000 可湿性粉剂	疫病	1000 倍	—	—	
可杀得可湿性粉剂	疫病	1000~2000 倍	—	—	
百菌清可湿性粉剂	疫病、黑叶枯病	2000 倍	收获前 1 天	2	
二氰蒽醌可湿性粉剂	疮痂病	1000 倍	75 天	3	

（续）

药剂名及剂型	病害	稀释倍数	使用时期（收获前天数）	使用次数/（次以内/年）	备注
甲基硫菌灵可湿性粉剂	枯萎病	500 倍	定植时及生长发育期（至收获前 30 天）	6	灌注
	黑叶枯病	1000 倍	7 天	5	
	黑霉病	1000~1500 倍	7 天	5	
	疮痂病	1500 倍	7 天	5	
甲基硫菌灵油膏剂	枯萎病	原液	收获后至休眠期	3	涂抹
甲基硫菌灵膏剂	促进切口及伤口愈合	原液	修剪整枝时	3	涂抹
特富灵（氟菌唑）可湿性粉剂	枯萎病	500 倍	定植时及生长发育期（但是到收获前 30 天）	6	平均 1 株浇灌 1 升
	疮痂病、锈病	2000 倍	7 天	3	
氟啶胺悬浮剂	白纹羽病	500 倍	30 天	1	土壤灌注
吲唑磺菌胺可湿性粉剂	疫病	3000 倍	收获前 1 天	3	
腈菌唑可湿性粉剂	锈病	2000 倍	收获前 1 天	4	
氰霜唑可湿性粉剂	疫病	2000 倍	收获前 1 天	3	
甲基硫菌灵·氟菌唑悬浮剂	枯萎病	500 倍	定植时和 5~10 月（至收获前 30 天）	6	平均 1 株灌注 1 升
双炔酰菌胺可湿性粉剂	疫病	2000 倍	14 天	3	
异菌脲可湿性粉剂	黑霉病	1000 倍	3 天	3	
苯菌灵可湿性粉剂	枯萎病	1000 倍	30 天	5	灌注植株基部

表 B-2 在无花果上登记的主要杀虫剂

药剂名及剂型	害虫	稀释倍数	使用时期（收获前天数）	使用次数 /（次以内 / 年）	备注
罗素发（氟丙菊酯）可湿性粉剂	叶螨类、蚜虫类、果蝇类、斜纹夜蛾、甘蓝夜蛾	1000 倍	收获前 1 天	2	
噻虫嗪水溶性粒剂	蓟马类	2000 倍	收获前 1 天	2	
氯菊酯乳剂	蓟马类、蚜虫类	2000 倍	收获前 1 天	2	
	无花果榕拟灯蛾	3000 倍	收获前 1 天	2	
噻嗪酮（扑虱灵）可湿性粉剂	介壳虫类幼虫	1000 倍	14 天	2	使用本药剂的年份就不能再用唑螨酯
唑螨酯·噻嗪酮可湿性粉剂	介壳虫类	1000 倍	14 天	1	
园艺用氯菊酯乳剂	桑天牛	—	收获前 1 天	2	
乙酰甲胺磷可湿性粉剂或乙酰甲胺磷水溶剂	蓟马类	2000 倍	45 天	1	中国自 2019 年 8 月 1 日起禁止在蔬菜、瓜果、茶叶、菌类和中草药材作物上使用乙酰甲胺磷
杀螟松	天牛类	原液	4~9 月，至收获前 7 天	3	从植株基部到结果母枝进行涂抹
	坡面方胸小蠹	原液至 1.5 倍	4~7 月，至收获前 7 天	3	从植株基部到结果母枝进行涂抹（用原液）、主干部喷洒（1.5 倍）
溴虫腈可湿性粉剂	神泽氏叶螨、花蓟马	2000 倍	收获前 1 天	2	
米尔贝霉素乳剂	叶螨类	1000 倍	收获前 1 天	1	
哒螨灵悬浮剂	叶螨类、无花果锈螨	1000~1500 倍	45 天	1	
四溴菊酯可湿性粉剂	蓟马类	2000 倍	收获前 1 天	3	

（续）

药剂名及剂型	害虫	稀释倍数	使用时期（收获前天数）	使用次数/（次以内/年）	备注
腈吡螨酯可湿性粉剂	叶螨类	2000 倍	收获前 1 天	1	
乙基多杀菌素可湿性粉剂	蓟马类	5000 倍	收获前 1 天	1	
丁氟螨酯可湿性粉剂	叶螨类	1000~2000 倍	收获前 1 天	2	
唑螨酯可湿性粉剂	叶螨类	1000~2000 倍	3 天	1	使用本药剂的年份就不能再用噻嗪酮
	无花果锈螨	2000 倍	3 天	1	
噻虫胺水溶剂	蓟马类	2000~4000 倍	3 天	3	
	天牛类	2000 倍	3 天	3	
噻螨酮可湿性粉剂	叶螨类	2000~3000 倍	收获前 1 天	2	
噻唑磷颗粒剂	根结线虫	—	60 天	1	平均 1000 米^{2}用 20 千克，树冠下撒施
甲酰苯胺（Pyflubumide）可湿性粉剂	叶螨类	2000 倍	收获前 1 天	1	
乙基多杀菌素水分散粒剂	蓟马类	5000 倍	收获前 1 天	2	
	果蝇类	10000 倍			
脂肪酸甘油酯乳剂	叶螨类	600 倍	收获前 1 天	—	
昆虫病原线虫制剂	黄星天牛幼虫	10 克/2.5 升	产卵期至幼虫危害期	—	生物农药
卵孢白僵菌（布氏白僵菌）	天牛类	—	成虫发生初期	—	生物农药 1 根/株，在地表近主干的分叉处等处挂上
枯草芽孢杆菌菌剂	根结线虫	1~5 千克/（150~200）升	定植前	—	生物农药喷洒在土壤表面后和土壤混合
		1~5 千克/300 升	生长发育期	—	生物农药喷洒在土壤表面

（续）

药剂名及剂型	害虫	稀释倍数	使用时期 （收获前天数）	使用次数 / （次以内 / 年）	备注
乙螨唑可湿性粉剂	叶螨类	2000 倍	收获前 1 天	1	
吡螨胺悬浮剂	叶螨类、无花果锈螨	2000 倍	7 天	1	
联苯肼酯可湿性粉剂	叶螨类	1000 倍	收获前 1 天	1	
95 号机油乳剂	介壳虫类	12~14 倍	—	—	
啶虫脒水溶性粒剂	黄星天牛、无花果榕拟灯蛾、介壳虫类、蓟马类	2000 倍	收获前 1 天	3	

表 B-3　在无花果上登记的主要杀菌、杀虫剂

药剂名及剂型	病害虫	稀释倍数	使用时期 （收获前天数）	使用次数 / （次以内 / 年）	备注
石硫合剂	介壳虫类、叶螨类、越冬病虫害	7~10 倍	发芽前	没有限制	

表 B-4　可在无花果上使用的药害减轻剂

药剂名	目的	稀释倍数	使用时期 （收获前天数）	使用次数 （次以内 / 年）	备注
碳酸钙	可减轻由铜制剂引起的药害	200 倍	—	—	可与铜制剂混合喷洒

关于农药登记适用范围的扩大和失效问题

农药适用范围的扩大每天都在进行着。从营销方面的理由考虑，还经常有登记失效的情况。

本书记录了出版时在日本登记的药剂情况。没有提及本书出版以后新登记的或者适用范围扩大的药剂，之后取消登记的农药也没有删除。

在实际使用时，在留意以上问题的基础上选择农药。同时，请认真阅读标签，对应着上面记载的对象病害、虫害进行使用。

附录C 无花果的主要品种

表 C-1 无花果的主要品种

	品种名	收获期（果主、比傲莱·陶芬以外的是利用秋果）	果重/克	果皮颜色	果实内部（雌花）的颜色	甜味	耐寒性	树势	备注
夏果专用种	果主·陶芬	6月下旬~7月中旬	40~60	黄绿色	桃色	多	稍强	强	6月成熟的夏果专用种，裂果少，口感好。在夏果专用种中产量高
	比傲莱·陶芬	6月下旬~7月上旬	100~150	红紫色	红色	多	强	稍强	大果，品质好，但是果皮薄，柔软，不耐运输
以利用秋果为主的品种	玛斯义·陶芬	8月中旬~11月上旬	70~120	紫褐色	桃色	中	弱	中	在日本栽培最多的品种。品质虽然中等，但是为大果，产量高。裂果少，外观好
	夏红	8月上旬~11月上旬	80~120	红褐色	桃色	中	弱	中	玛斯义·陶芬的早熟系变品种。外观与玛斯义·陶芬相似，但是果皮变为红褐色，有光泽
	蓬莱柿	9月上旬~11月中旬	60~70	红紫色	鲜红色	中	强	强	从很早以前就开始栽培，耐寒性强、树势也强。裂果大，虽然品质中等，但是有独特的酸味和风味
	布兰瑞克	8月中下旬~10月下旬	60	黄褐色	浅黄白色	多	强	强	推测这个品种可能是日本东北地区的"本地品种"。口感好，但是裂果多、容易腐烂，适合加工
	白热那亚	8月中旬~11月中旬	60~70	黄绿色	红色	中	稍强	强	品质中等，不耐贮藏，像前面讲述过那样，在日本东北地区栽培的，有时会被误称为"本地品种"
	奈格劳拉尔告	8月下旬~9月下旬	40~50	紫黑色	浅紫色	多	中	中	甜味和酸味都很强，味道浓郁、品质好

（续）

	品种名	收获期（果主、比做莱·陶芬以外的是利用秋果）	果重/克	果皮颜色	果实内部（雌花）的颜色	甜味	耐寒性	树势	备注
以利用秋果为主的品种	西莱斯特	8月上旬~9月中旬	20	浅紫褐色	浅紫红色	多	强	中	小果，甜味非常强，连皮也能吃
	棕土耳其	8月下旬~11月上旬	50	橙褐色	橙红色	中至多	强	弱	树势虽然弱，但是容易培育，口感也比较好
	门田	8月中旬~11月下旬	30~60	黄绿色	浅桃色	中至多	稍强	强	甜味和酸味都是中等，贮藏性好
	日紫（紫色柔莱斯）	9月上旬~11月中旬	40~60	紫黑色	鲜红色	多	强	强	坐果数虽然少，但是甜味强，口感特别好
	康纳德里亚	8月中旬~9月下旬	50~100	黄绿色	红色	中至多	强	强	大果，口感比较好
	水蜜桃格莱斯	8月下旬~11月上旬	50	浅紫黑色	深红色	多	强	强	甜味、酸味都很强，味道浓郁、品质好